JN204765

ビジネスマンが
一歩先をめざす

ベイズ統計学

ExcelからRStanへステップアップ

朝野 熙彦
[編著]

土田 尚弘
河原 達也
藤居 誠
[著]

朝倉書店

■執筆者

朝野熙彦* 学習院マネジメントスクール
［1－3, 7章］

土田尚弘 日本リサーチセンター
［4－5章］

河原達也 ビデオリサーチ
［6章］

藤居　誠 東急エージェンシー
［付録］

（執筆順．＊は編著者）

ま え が き

ベイズ統計学はなぜ今日注目を集めるようになったのでしょうか．そもそもベイズ統計学は，イギリスの牧師トーマス・ベイズが 18 世紀にベイズの定理を発見したことに始まります．ベイズ統計学の理論は従来の推測統計学とくらべると論理がすっきりしていて一貫性があります．とはいえ現実問題としては計算の実行が難しかったために，なかなか実用には至らなかったのです．しかし 20 世紀後半から情報技術と計算機統計学が進歩したおかげで，ベイズ統計学の実践導入が始まりました．最近では社会の様々な分野でベイズ統計学が活躍しています．

社会からのニーズにこたえてベイズ統計学を扱った教養書や高度な研究書が次々と出版されてきました．しかしながら読者の中には，自分のニーズにマッチした本がなくて悩んでいる方々がおられるのではないか，というのが私の問題意識でした．

本書の前著『ビジネスマンがはじめて学ぶベイズ統計学— Excel から R へステップアップ—』（朝倉書店）は，教養書でもなければ研究書でもなく，社会人のための実務書を目指したものです．具体的にはビジネスの実務にベイズ統計学を使いたいとお考えの社会人を対象にしました．「誰でも絶対に分かる入門書」という前著のコンセプトは幸いにして読者の皆様から熱いご支持をいただきました．このたび続編を上梓することができましたのは読者の皆様のおかげです．

本書は前著を読まれた方々を対象にして，ベイズ統計学のビジネスへの実践導入に必要な知識をまとめたものです．前著の繰り返しになる用語解説は省きましたが，ベイズ統計学の初心者ユーザーの方々に役立つものと思います．

本書の内容は前著とは全く重複せず新しく書いたものです．そこで本書の執筆方針と主張をあらためて宣言しますと次の通りです．

1）　空虚な事例をあげない

ビジネスマンが関心をもって読めるように，本書では広告効果・ダイレクトメール・飲食店の売上げなどのビジネス関係の話題をあげました．サイコロを振ったりトランプを並べたり壺から球を取り出すようなたとえ話は，いかにも教科書的であり執筆者には書きやすい題材です．しかし本書ではそのような浮世離れした題材はあげませんでした．社会人の方を相手にサイコロの話をしても業務上のリアリティを感じないと思うからです．

2）　Excel にこだわる

Microsoft の Excel はビジネスマンが日常的に使っている業務ソフトです．本書では Excel で MCMC（マルコフ連鎖モンテカルロ）法を実装しました．本書はできるだけパッケージに頼らず手計算風に一歩一歩確認していく姿勢で一貫しています．マニュアル本にありがちな，黙って言われた通りクリックすればアウトプットが出るでしょ，それでお終い！ というような立場はとりませんでした．読者には統計分析が何をしているのかを納得しながら，Excel から R そして Stan までステップアップしてもらいます．なお，本書で使われた主要な Excel のデータと R のコードは朝倉書店の Web サイト（http://www.asakura.co.jp/）にアップしました．本を読みながら実習してみてください．

3）　統計分析のハードルをクリアする

ベイズ統計学を理解するためには，統計分析の基礎をなすいくつかのハードルを越える必要があります．本続編では，一般化線形モデルと対数尤度関数，行列とベクトルについて入門的な解説を加えました．

4）　数式展開は行わない

グラフと言葉で数式の「意味」を理解してもらいます．いくら延々と数式展開をしたところで，読者が理解できなければ意味がないと考えたからです．読者が直感的に納得できることが一番大切だと思います．

5）　ベイズの実践的な価値を強調する

前著では事後分布の更新によるパラメータ推定の安定化の話をしました．本書の重要なポイントは，パラメータの事後分布を用いた自由自在な検定と予測分布そして時系列データの解析です．ベイズの実践導入がビジネスの意思決定にもたらす変革を強調します．

ベイズ統計学に共通することはベイズの定理にもとづいて分析を行う，という一点につきます．そのベイズの定理を使う研究者や実務家をベイジアンと呼びます．本書によって読者の皆様もベイジアンに仲間入りされることを期待しています．

最後に，本書を出版するにあたりお世話になった方々を紹介したいと思います．編著者である朝野は本書の基礎編にあたる1章から3章と7章を執筆しました．4章の仮説検証と5章の予測分布は土田尚弘氏に，6章の状態空間モデルは河原達也氏に執筆を分担してもらいました．ベイジアンネットワークのビジネスへの応用については藤居誠氏に紹介してもらいました．

そのほかに「ベイズ研究会2017」の皆様にもお世話になりました．同研究会に参加された松波成行（物質・材料研究機構）・野崎由香理（東急総合研究所）・田辺香織（日経BP）・山本暁美（ベネッセコーポレーション）・木野将人（東急エージェンシー）・福田美詠子（日本インフォメーション）の諸氏には貴重なディスカッションを通じて本書を執筆する後押しをしていただきました．またNTTデータ数理システムには資料をご提供いただきました．最後に朝倉書店の編集部の皆様には本書の企画から出版まで大変にお世話になりました．以上の皆様に感謝いたします．

2018年8月

朝 野 熙 彦

目　　次

ベイズ統計学のエッセンス

本章では，ベイズ統計学の基本的なアイデアを述べるとともに，前著『ビジネスマンがはじめて学ぶベイズ統計学―Excel から R へステップアップ―』では書かなかった一般化線形モデルと対数尤度関数の説明をします．また，最後に本書の構成を紹介します．本章は 2 章から先の各論を読む前の準備の章だとお考え下さい．

1.1　ベイズ統計学の位置付け

■ 現代統計学の系譜

現代統計学の系譜については諸説あるのですが，ここでは図 1.1 のようにざっくりと整理してみました．

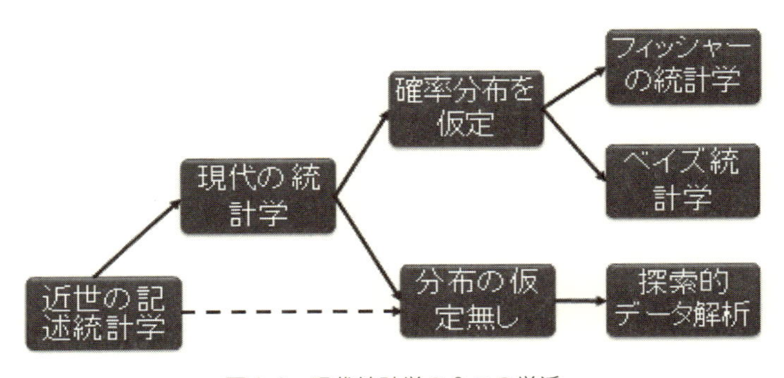

図 1.1　現代統計学の 3 つの学派

まず大きく分けると，データが発生する仕組みとして何らかの確率分布を仮定したうえで理論を組み立てるのがフィッシャーとベイズの統計学です．一方，そのような仮定は置かず，まずは目の前にあるデータを虚心坦懐にながめて探索するのが探索的データ解析です．本章のテーマに関係するのはフィッシャーとベイズなので，とくにフィッシャーのロジックをもう少し詳しく説明しましょう．探索的データ解析については章末のコラムをご覧ください．

フィッシャーの統計学は，一般に数理統計学とか推測統計学と呼ばれているものです．日本では第2次世界大戦後70年以上にわたって，フィッシャー流の統計学だけが正統的な統計学であるとして，学校教育で，そして実務の現場で教えられてきました[1)]．フィッシャーの統計学の目的は確率分布のパラメータ θ を推測することにあります．パラメータとは，たとえば平均や標準偏差などです．そして推測の具体的な中身は推定と検定です．

推定とはパラメータの値がどのような値なのかを知ること，検定とはパラメータが特定の値に等しいのかどうかとか，2つのパラメータの大小を判定することを指します．4章でさらに詳しく述べます．なお，検定はネイマンとピアソンの貢献なので，フィッシャーの統計学をより丁寧にいえばフィッシャー・ネイマン・ピアソンの統計学です．

フィッシャーの統計学では図1.2のように3つのステップをふんでパラメータを推測します．

1)　確率変数 X が $f(X|\theta)$ という確率分布に従うものと仮定する．この $f(X|\theta)$ という記号は θ を条件とした確率変数 X の関数を表しています．
2)　同じ確率分布からデータ $x_1, x_2, \cdots, x_n$ が独立に発生すると仮定する
3)　観測されたデータにもとづいて確率分布のパラメータ θ を推測する

独立というのは「互いに無関係」という意味です．1）と2）の仮定を一言で i.i.d.（independently and identically distributed，**独立同一分布**）といって，この仮定は**母集団**からの**無作為抽出**と同義です．

ここでいう「母集団」というのは抽象的な構成概念にすぎません．フィッシャーの統計学における母集団とは，現実に存在する誰かさん達の集団を指し

1）　日本の敗戦が戦後の統計教育を定めたようです．戦勝国である米英の統計学を称賛する一方で枢軸国の統計学を否定した当時の書籍を見ると，科学でさえも政治と社会から中立ではいられなかったことが伺えます．

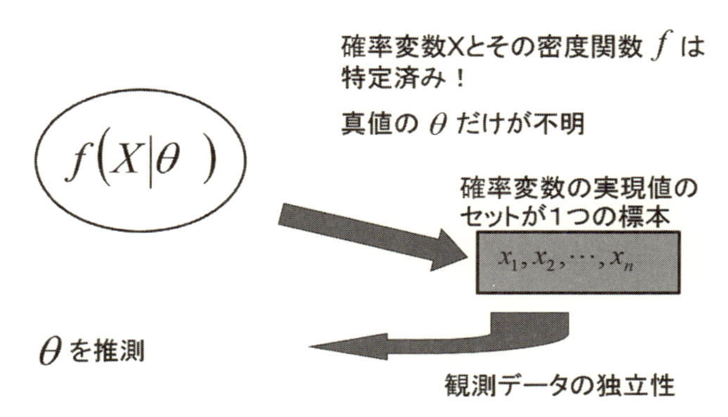

図 1.2　フィッシャーの統計学の論理

ているわけではありません．分析者が頭の中で想定した確率分布 $f(X|\theta)$ そのものが母集団だと理解するのが当たっています．ただし，θ の値は分析者には未知数なので，データから推測しようという立場をとります．

ベイズ統計学の特徴は，「分析データとは別に」存在するパラメータの知識をパラメータの推定に利用することにあります．本書ではその知識を事前の知識と呼ぶことにします．この事前の知識を事前分布で表して推定に利用するのがベイズ統計学なのです[2)]．

■　ベイズの定理とは何か

ベイズの定理を（1.1）式で説明します．θ は確率分布のパラメータなのですが，ベイズ統計学では θ 自体も確率変数であるとみなします．パラメータは複数の場合も含みますが，その θ の確率密度関数が $f(\theta)$ です[3)]．右辺の $f(\theta)$ を**事前分布**，左辺の $f(\theta|D)$ を**事後分布**と呼びます．

$$f(\theta|D) = \frac{f(D|\theta)f(\theta)}{\int f(D|\theta)f(\theta)d\theta} \tag{1.1}$$

もう１つ出てくる $f(D|\theta)$ という関数は，もともとは図 1.2 左上の確率分布 $f(X|\theta)$ そのものでした．けれども，いったんデータを取得してしまえば，X

2)　事前とはいっても，事前分布を決めるタイミングはデータを集めた後でも構いません．

3)　θ は離散型の場合もあるのですが，本書では連続変数の場合を説明します．それで（1.1）式分母では総和記号の $\sum$ ではなく積分記号の $\int$ を使ったのです．

はデータ D に固定されますから，$f(D|\theta)$ における未知数は θ だけになります．その結果 $f(D|\theta)$ の値はデータ D が得られたもとで θ のもっともらしさの程度を表すことになります．この変数 θ の関数を**尤度関数**（ゆうどかんすう）と呼ぶのです．尤度関数は事前分布の $f(\theta)$ とは別物ですし，そもそも確率分布でさえありません．

さらに（1.1）式右辺の分母ですが，θ について積分するので θ が消去されて定数になります[4)]．定数なのですから（1.1）式の左辺は右辺の分子を k 倍したものと等しくなります．比例関係を ∝ という記号で表しますと，ベイズの定理は次のように表されます．この（1.2）式がベイズ統計学で最もよく用いられている式です．

【ベイズの定理】

パラメータの事後分布∝尤度関数×パラメータの事前分布

$$f(\theta|D)=kf(D|\theta)f(\theta)\propto f(D|\theta)f(\theta) \tag{1.2}$$

（1.2）式は，パラメータに関する情報を事前分布 $f(\theta)$ で表すこと，そしてデータ D を得ることによってパラメータについての知識がより深められ，事前分布 $f(\theta)$ が事後分布 $f(\theta|D)$ に更新される，というストーリーを表しています．これを**ベイズ更新**（Bayesian updating）といいます．

（1.2）式の右辺にも，まだ θ を含まない係数が含まれることがありますが，それらも係数 k に一括できます．そうして残った θ の関数を，本質的な部分という意味で「**カーネル**（核）」と呼びます．すると（1.2）式は

$$f(\theta|D)\propto f(D|\theta)\text{ のカーネル}\times f(\theta)\text{ のカーネル} \tag{1.3}$$

この「事後分布は尤度関数のカーネルと事前分布のカーネルの積に比例する」というのが，最もコンパクト版のベイズの定理になります．具体的な計算にはマルコフ連鎖モンテカルロ（**MCMC**）法という手法を使うことが多いのですが，（1.2）式からでも（1.3）式からでも同等の MCMC が実行できます．以上のベイズ統計学の論理を図 1.3 に整理しました．

■　定理は分かったが腑におちない

学生向けのベイズ統計学の教科書ではたいてい（1.2）式からスタートして，その後は詳細な各論に突入します．けれどもビジネスマンは，そういう教科書

4)　（1.1）式に積分が出てきますが，本節では概念として説明しているだけであって，この先，積分の計算が必要になることはありません．

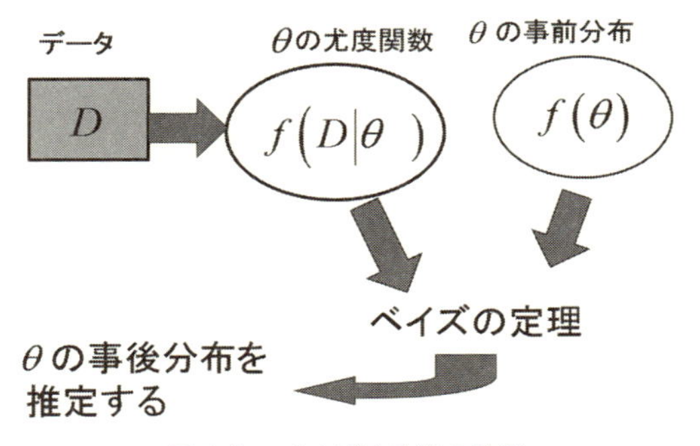

図 1.3 ベイズ統計学の論理

的な押し付けには納得できないでしょう．不安感をかかえた現段階で，どう心を整理して先に進んだらよいかをざっと述べておきたいと思います．

1） 事前分布はどこから出てくるのか

まだ分析もしていないのに，パラメータについての確率分布が分かるはずないでしょ？ という当然の疑惑です．事前分布をあてずっぽうに決めたら，分析結果もあてずっぽうになるのではないでしょうか？

近年のベイズ統計学は，事前分布が分からなければ無理をせず無情報の事前分布を使う，というアプローチが多くなっています．Stan という確率モデルのプログラムではデフォルトが無情報の事前分布に設定されています．

2） それでも事前分布の導入に危険性はないか

ベイズ統計学は事前分布と目の前のデータを折衷して事後分布を導くものです．そういう意味ではデータだけでモノをいおうとするストイックな姿勢はとりません．ベイズ統計学の立場は，目の前のデータだけでモノをいう方が危険ではないか？ データが少ししかない場合でも目の前のデータだけで意思決定して大丈夫か？ むしろ過去の知見も含めた方が安全ではないか？ という立場をとります．

3） ベイズ統計学の結論は従来の推測統計学とは異なるのか

ベイズ推定はデータからの推定値が事前分布よりも高めならより低く，逆に低めならより高く修正する効果があります．つまり従来的な結論からあまり逸脱しない結論を導きます．このような性質を「保守的」と表現します．ベイズ推定は，従来の推測統計学よりも保守的な結論を出す傾向があります．

4)　自分の会社にはデータの蓄積がないのだが

ベイズ更新を繰り返すには過去のパラメータの事後分布さえストックしておけばよいのです．パラメータの確率分布というエッセンスを利用するので，過去の原データ全体を蓄積しておく必要はありません．

5)　事後分布を出す価値がどこにあるのだろうか

統計学者は事後分布さえ推定できれば，後はそこから自由に知識が抽出できると主張します．けれどもビジネスマンは忙しいので，事後分布を点検している暇なんかない，とクレームをいわれそうです．そういうことなら事後分布の平均やモードを出して終わりにするという処理でもよいでしょう．モードとは最頻値のことです．ただし事後分布を使えば，従来の統計学では答えが出せなかった多くの疑問に答えを出すことができます．そのような実例を4章で示します．

6)　原因の逆確率はどうなった

高校の確率では，ベイズの定理は原因の事象と結果の事象の因果関係を逆推論して，結果をもとに原因の確率を求めるものだ，と教えてきました．それと(1.2)式がどう結びつくのかが腑に落ちない人もいるでしょう．確率変数 X の具体的な挙動を決めるのが θ で，その X からデータ D が発生しますから，$\theta \to X \to D$ の道筋を逆にたどってデータから原因である θ の確率分布を求めるのだ，と解釈したらよいのではないでしょうか．

1.2　変数の変換と一般化線形モデル

一般化線形モデルを理解するために，まず変数の変換を解説しましょう．

■ 指数変換と対数変換

指数関数 e^x のグラフを図1.4に示しました．ここで e というのはネイピア数といって，$e=2.71828\cdots$ と無限に小数が続く無理数です．この指数関数を使えば任意の実数をとる変数 X をそれと単調増加の関係にある正の実数の変数 Y に変換することができます[5]．これを指数変換といって，X が大きくなるほ

5)　関数 $y=f(x)$ で $x_1<x_2$ のとき $y_1<y_2$ の関係が成り立つことを単調増加といいます．

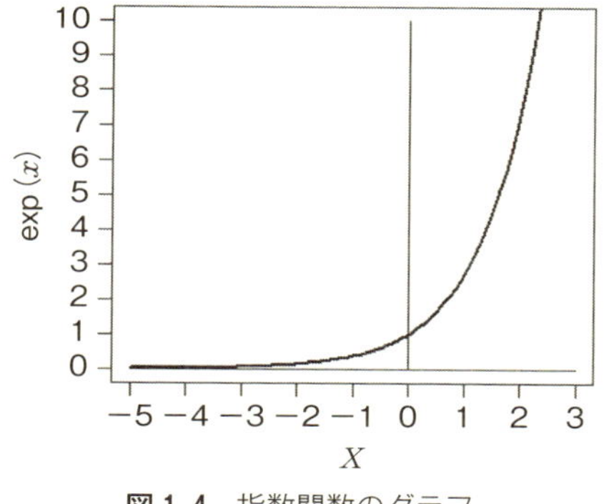

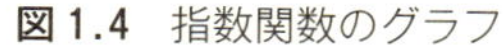
図 1.4 指数関数のグラフ

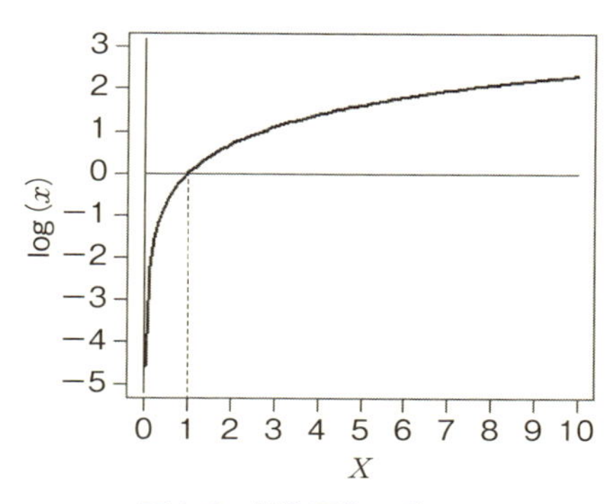

図 1.5 対数関数のグラフ

ど大きさを加速させる働きがあることが図 1.4 からイメージできるでしょう．なお，指数関数 e^x は，x の部分が複雑な場合は，exp(　) と表記することにします．

次に対数関数 $y=\log(x)$，ただし $x>0$ のグラフを図 1.5 に示します．対数はことわらない限り e を底とする自然対数とします．正の変数 X を対数変換すると，X が大きくなるほど伸びを抑制する効果があります．なお $\log 1=0$ であり，$0<X<1$ では対数が負になることをグラフで確認してください．

この 2 つの関数は $y=\log(x)$ であれば $e^y=x$ になるので**逆関数**の関係です[6)]．つまり X を対数変換してさらに指数変換すればもとの X に戻るし，その逆順をたどっても同じです．

■ ロジット変換

$0<P<1$ の範囲をとる変数 P について，そのロジット変換が (1.4) 式で定義できます[7)]．

$$Logit(P)=\log\frac{P}{1-P} \tag{1.4}$$

ここで $P/(1-P)$ という比はオッズといって，ギャンブルの世界では「勝ち

---

6) 例えば $x=1$ として試してみると，$y=\log 1=0$，$e^y=e^0=1$ となります．

7) ロジット変換の提唱者はフィッシャーとイェーツです．フィッシャーの貢献は広範にわたっています．

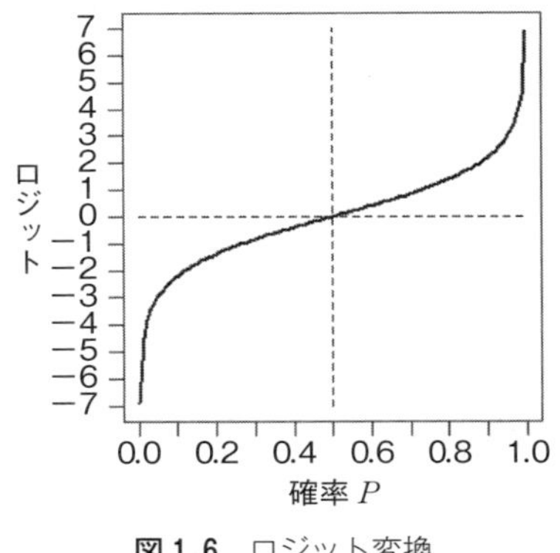

図 1.6　ロジット変換

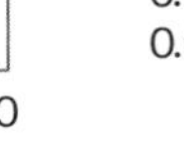

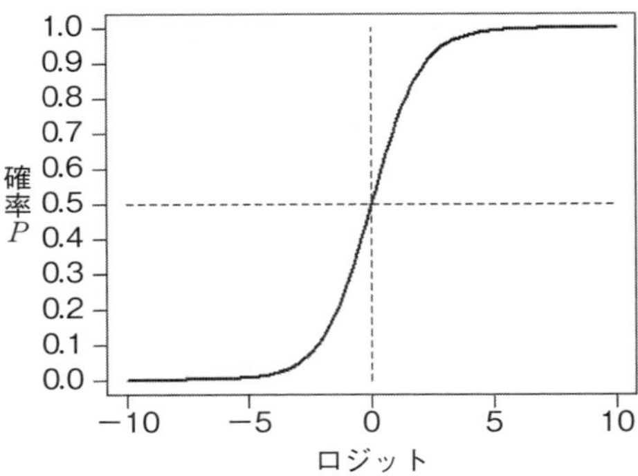

図 1.7　ロジスティック変換

負けの比」という意味で使われます．そのオッズをさらに対数変換したのが (1.4) 式の**ロジット**で，グラフで描くと図 1.6 の通りです．ロジット変換は確率に適用することが多いので，この図では初めから変数 P を確率と書いてしまいました．ロジット変換は $0<P<1$ であった確率を，マイナスの無限大からプラスの無限大までの実数全体に引き延ばす効果があることが分かります．

(1.4) 式を展開して確率 P の式に直すと，次のロジスティック関数が導かれます[8]．

$$P=\frac{1}{1+\exp(-Logit)} \tag{1.5}$$

(1.5) 式はロジットを与えれば，それに対応する P が定まる，という関数を意味します．グラフに描けば図 1.7 の通りです．このグラフで点線が交わっているところを見ると，ロジット 0 を変換すれば確率 0.5 になることが分かります．実際に (1.5) 式のロジットに 0 を代入すれば，$P=\frac{1}{1+\exp(0)}=\frac{1}{1+1}=0.5$ ですから，ロジット 0 が 5 分 5 分の確率に対応することが分かります．

とても混乱しやすいのが (1.4) 式と (1.5) 式の変換の名称です．

(1.4) 式は P からロジットを求める⇒ロジット変換

8)　$Logit$ を L と略して (1.4) 式の指数をとると

$$\exp(L)=\frac{P}{1-P},\quad \exp(L)-P\exp(L)=P,\quad P=\frac{\exp(L)}{1+\exp(L)}$$

から分母子を $\exp(L)$ で割れば (1.5) 式が導かれます．

(1.5) 式はロジットからPを求める⇒ロジスティック変換，または逆ロジット変換ともいう．

ここまでは変数の変換の話なので誤差の論議は出てきません．

■ 一般化線形モデル

統計モデルの重要な枠組みに一般化線形モデル（generalized linear model：**GLM**）があります[9]．これは特定の分析法を指した言葉ではなく，統一した原理によって多くの統計モデルを包含しようとする提案です．GLM はベイズ統計学でもよく使われますので，ここで説明しておきましょう．

分析上関心がある基準変数をY，その説明変数をXとして，GLM を構成する３つの成分（コンポーネント）を説明します．回帰分析をイメージしながら理解してください．

【ランダム成分である *Y*】

マーケティングでは，Yとして消費金額や使用量を用いることが多いのですが，もちろんビジネスの課題に応じて変数の内容は変わります．Yは従属変数とか応答変数とか目的変数などと呼ばれることがあります．大事なことは，Yがランダムに変動する成分だと仮定することにあります．つまり観測値$\{y_1, y_2, \cdots, y_n\}$が得られたとしても，それぞれは真の定数ではなく，確率変数$\{Y_1, Y_2, \cdots, Y_n\}$の実現値だと仮定するのです[10]．GLM では確率分布を正規分布に限定せず，より広く扱うのが特徴です．

【系統的成分である線形予測子】

説明変数Xの線形結合（一次結合ともいう）を利用してYを予測しようとします．この成分を GLM では線形予測子（linear predictor）と呼びます．線形予測子は定数プラス説明変数の重み付き合計なので重回帰分析の予測式と同じです．

$$\boldsymbol{\beta}'\boldsymbol{x} = b_0 + b_1X_1 + b_2X_2 + \cdots \tag{1.6}$$

(1.6) 式左辺の$\boldsymbol{\beta}'\boldsymbol{x}$という記法はベクトルの内積を示します．説明変数の

---

9) 最初の提唱は次の文献です．Nelder, J. A. and Wedderburn, R. W. M. (1972) "Generalized linear models", *Journal of the Royal Statistical Society*, Series A, Vol. 135, Part 3, pp. 370-384.

10) １つの確率変数Yについて独立にn回観測して得られたデータと，i.i.d. に従う確率変数$\{Y_1, Y_2, \cdots, Y_n\}$の実現値は同じ意味です．

数がいくつであっても，ベクトルの記述は同じなので効率的です[11]．

GLMでは線形予測子を定数効果であると仮定します．ですからXの測定および係数$\{b_0, b_1, b_2, \cdots\}$の推定が済んでしまえば，(1.6) 式は何らかの数値をとる定数になります．

(1.6) 式の説明変数に新しい値を入力すれば，新しい予測値が計算できます．どの説明変数がYにどういうインパクトを与えるかが系統的に明らかにされます．そういう意味で線形予測子を「系統的成分」と呼ぶのです．

(1.6) 式について予測される疑問点に答えておきましょう．

① 線形予測子では曲線的な関係は表現できないのか？

例えばX_1の2次関数を仮定するなら，$b_0+b_1X_1+b_2X_1^2$という線形予測子で表せます．2変数の交互作用はbX_1X_2で表せます．観測値をベースにして数式に表されるなら曲線的な関係も問題なく扱えます．

② なぜ説明変数のXはランダムに変動しないのか？

あっさりいってしまえば，X, Yとも確率変数にすると理論が複雑になるからです．また歴史的な経緯をいえば，フィッシャーが農事試験の必要から統計学を研究したという出自が影響しています．フィッシャーにとってのXは，実験者が割り付ける麦の品種や肥料の品目だったので，確率的に変動しません．また実験者は実験処理を間違えるはずがないので，Xに誤差は生じません．データに変動が起きるとすれば，それは農作物の収穫量であるYだけだ，という農事試験らしい応用場面が，それにマッチした統計モデル[12]を生み出したのです．

【リンク関数という成分】

Yは確率的に変動するのですから，それを一定値しかとらない線形予測子と＝で結びつけるのはロジックが通りません．ではどうすればよいかというと，確率分布の期待値$E(Y)=\mu$と線形予測子を結びつければよいのです．期待値というのは確率分布の理論的な平均値だと考えてください．

何も条件がつかなければ確率分布の期待値μは1つしか存在しません．しかし，GLMの分析場面では観測対象$i=1, 2, \cdots, n$ごとに説明変数Xについて

---

11) ベクトルで処理した方がシミュレーションの計算が速くなるというメリットがあります．行列とベクトルについては7章で解説します．

12) 分散分析という方法です．Xは因子と呼ばれ，Xのとる値は水準と呼ばれます．

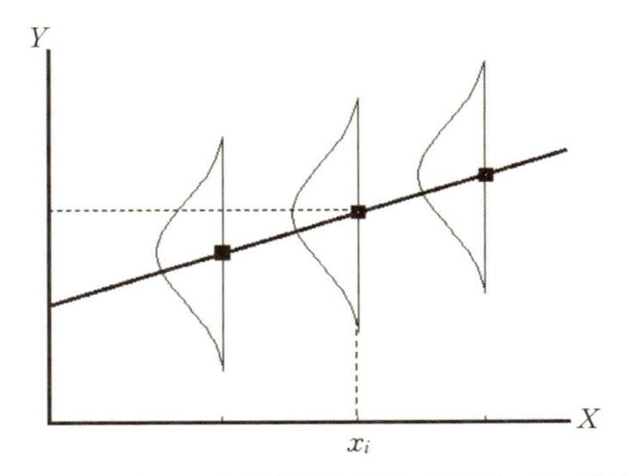

図 1.8　x_i とその条件付き期待値（■印）のモデル

のデータが得られることになっていますので，観測データ x_i で条件付けられた期待値を利用することを考えます．

$$E(Y|X=x_i)=\mu_i \tag{1.7}$$

（1.7）式左辺はしばしば $E(Y|x_i)$ と省略されます．図 1.8 のように x_i の関数として μ_i の値が定まることに注意してください．

最後に，スカラーである μ_i をさらに変換した数値と線形予測子を等号で結びつけることで 1 つの GLM が完成します．

$$g(\mu_i)=\boldsymbol{\beta}'\boldsymbol{x}_i \tag{1.8}$$

この関数 $g(\mu_i)$ は GLM の**リンク関数**と呼ばれるものです．リンク関数には逆関数 $g^{-1}(\ \ )$ が存在するとします[13)]．この逆関数を使えば（1.8）式は次のように表せます．

$$\mu_i=g^{-1}(\boldsymbol{\beta}'\boldsymbol{x}_i) \tag{1.9}$$

（1.8）式では線形予測子を表に出して GLM を表したのに対して，（1.9）式は Y の期待値を表に出しています．両者は本質的に同じモデルです．それなのになぜ 2 通りの表現をしたのかといいますと，本書で利用する Stan ではモデルを（1.9）式の形式で記述するルールになっているからです．そこでリンク関数とその逆関数をペアで併記する必要があったのです．これで GLM の 3 つの成分が揃いました．後はこの GLM のアイデアをどう個々の分析に生かす

13)　逆関数が存在するためには，リンク関数は単調な連続関数である必要があります．

かです.

■ 重回帰分析

GLMでは変換せずに線形予測子に結びつけたリンクのことを恒等リンクと呼びます. Yが正規分布に従うと仮定した時の恒等リンクを次に示します.

$$Y_i = \boldsymbol{\beta}'\boldsymbol{x}_i + e_i, \qquad e_i \sim N(0, \sigma^2) \tag{1.10}$$

(1.10) 式は, 重回帰分析の統計モデルです. 重回帰分析は誤差項eが平均0, 分散σ^2の正規分布$N(0, \sigma^2)$に従って変動すると仮定します. ～は確率分布に従う, という記号です. $\boldsymbol{x}_i$で条件付けたYの期待値が$\boldsymbol{\beta}'\boldsymbol{x}_i$であることから, 確率変数$Y_i$は期待値$\boldsymbol{\beta}'\boldsymbol{x}_i$, 分散$\sigma^2$の正規分布に従うといっても同じです. 期待値と線形予測子の関係は (1.11) 式で表されます.

$$E(Y|\boldsymbol{x}_i) = \mu_i = \boldsymbol{\beta}'\boldsymbol{x}_i, \qquad Y_i \sim N(\boldsymbol{\beta}'\boldsymbol{x}_i, \sigma^2) \tag{1.11}$$

■ ロジスティック回帰分析

ビジネスでは変数Yが$Y=1$か$Y=0$の2通りの値しかとらない事態がとても多く現れます. 顧客企業との商談が成立するか否か, フィットネス・クラブに入会してくれるか否か, 来店時に自社商品を買ってくれるか否かは, すべて2値のデータです.

Yを確率変数とみると, その期待値$E(Y)=\mu$は$Y=1$が出現する確率を意味します. これと線形予測子をリンクする関数としてはすでに述べたロジット関数が適切です. なぜならロジット変換をすることで (1.12) 式の左辺も右辺と同様に任意の実数がとれるようになるからです.

$$Logit(\mu_i) = \boldsymbol{\beta}'\boldsymbol{x}_i \tag{1.12}$$

(1.12) 式のモデルをロジスティック回帰分析といい, (1.12) 式のリンクはロジットリンクといいます. 次に (1.5) 式にならって (1.12) 式を書き直せば,

$$P(Y=1|\boldsymbol{x}_i) = \frac{1}{1+\exp(-Logit)} = \frac{1}{1+\exp(-\boldsymbol{\beta}'\boldsymbol{x}_i)} \tag{1.13}$$

応用場面をあげて (1.13) 式を解読すれば, 顧客iに関する説明変数の観測データ$\boldsymbol{x}_i$が得られた時に, その人が自社の商品を買ってくれる ($Y=1$) 確率が予測できる, という意味になります.

表 1.1　GLM の主要なモデル

データ Y	Y が従う確率分布	リンク関数	Stan 風の逆関数	説明変数	統計分析の名称
連続量	正規分布	恒等	恒等	数量とダミー変数	回帰分析
連続量	正規分布	恒等	恒等	カテゴリカルな水準	分散分析
$Y=1$ か 0	ベルヌイ分布	ロジット	ロジスティック変換	質量混合	ロジスティック回帰分析
発生頻度／試行回数	2 項分布	ロジット	ロジスティック変換	質量混合	ロジスティック回帰分析
一定時間でのカウント	ポアソン分布	対数	指数	質量混合	ポアソン回帰分析
多項選択	カテゴリカル分布	ロジット	softmax	質量混合	多項ロジットモデル

■ GLM の整理

ランダム成分とリンク関数にはそれぞれたくさんのバラエティがありますし，説明変数の内容も様々です．GLM でカバーできる分析は広範にわたるのですが，その主なものを表 1.1 に整理しました．

リンク関数としては，ほかにもプロビットリンクや相補 log-log リンクといったものもあります．

最後に GLM の貢献をまとめておきましょう．

① Y の確率分布を正規分布以外にも拡張したこと

② 基準変数と説明変数の間をつなぐのにリンク関数を導入したこと

③ 変数を数量またはカテゴリーに限定することなく，様々な変数を包含したこと

1.3　対数尤度関数

ベイズの定理には尤度関数が出てきます．簡単な例をあげて Excel で尤度関数のグラフを描いてみましょう．

セレクトショップでは来店客が必ず買い物をするわけではありません．ある常連のお客様が最近10回来店して，そのうち6回買い物をしたとしましょう．この観察データをもとに，そのお客様の購買確率θの尤度関数を求めてみます．そのお客様の購買行動が2項分布に従うものと仮定すると，尤度関数は次のようになります．

$$L(\theta)=\binom{10}{6}\theta^6(1-\theta)^4 \tag{1.14}$$

ここで10から6を選ぶ組み合わせは$\binom{10}{6}=210$です．本来θは$0\leq\theta\leq1$の値をとる連続変数ですが，もし真の確率が0または1だったら6回という観察データは出るはずがありません．そこで両極端を除き0.05〜0.95の範囲で0.05刻みにθの値を変えながら（1.14）式の計算をしました．またあわせて尤度関数の対数を計算しました．

表1.2はExcelで計算したものです．グレーの色を付けた`0.05`がA3のセルだとして，その右のB3のセルには`=210*A3^6*(1-A3)^4`という関数を入力します．これは（1.14）式をそのまま記述したものです．4行目から下はB3の関数をコピーします．その右の欄の**対数尤度関数**の値は`=LN(B3)`と変換を行い，同様に最後の行まで関数をコピーすればよいのです．後はExcelのグラフ機能で，尤度関数と対数尤度関数のグラフを描いたのが図1.9と1.10です．

図1.9をみると，θ=0.6のあたりで尤度関数の値が大きいことが分かります．尤度関数の値の対数をとったのが図1.10で

表1.2　尤度関数および対数尤度関数の値

確率 θ	尤度関数	対数尤度関数
0.05	0.000	−12.832
0.1	0.000	−8.890
0.15	0.001	−6.686
0.2	0.006	−5.202
0.25	0.016	−4.121
0.3	0.037	−3.303
0.35	0.069	−2.675
0.4	0.111	−2.194
0.45	0.160	−1.835
0.5	0.205	−1.584
0.55	0.238	−1.434
0.6	0.251	−1.383
0.65	0.238	−1.437
0.7	0.200	−1.609
0.75	0.146	−1.924
0.8	0.088	−2.430
0.85	0.040	−3.216
0.9	0.011	−4.495
0.95	0.001	−6.944

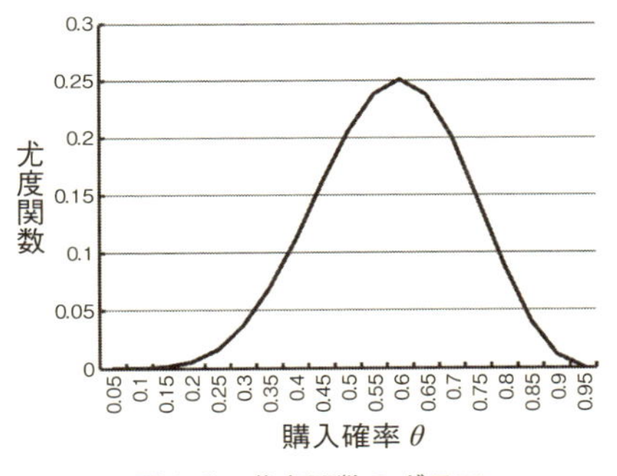

図 1.9　尤度関数のグラフ

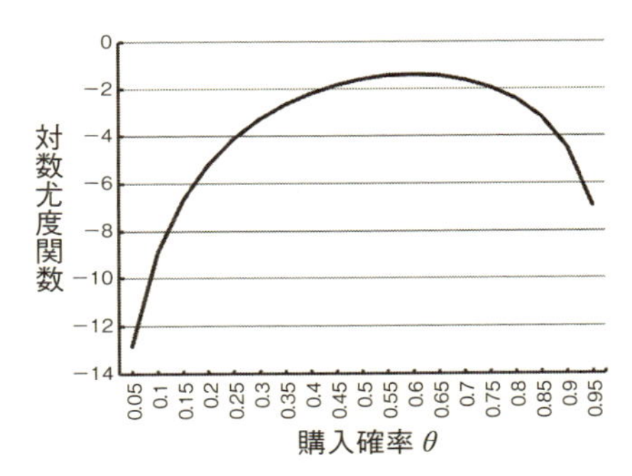

図 1.10　対数尤度関数のグラフ

す．対数変換は単調増加なので，2 つの図の一方で大きな値をとると他方でも大きな値をとるというように，大小関係は維持されています．

従来の統計学ではパラメータの推定に最尤法を使うことが多かったのですが，図 1.9 と図 1.10 を見比べれば分かるように，このどちらの関数でも同一の推定値が得られます．また数理統計学では対数尤度は理論的に重要な役割をはたします．

ベイズ推定は最尤法とは違いますが，それでも対数尤度関数はよく使います．その理由はコンピュータの数値計算上の都合によるのです．

なぜなら尤度関数はしばしば $A\times B\times C\times\cdots$ というような多数の掛け算で求められます．ところが小さな数の掛け算を繰り返すと，コンピュータが計算できなくてエラーが起きることが多いのです．その点，対数をとると

$$\log(A\times B\times C\times\cdots)=\log A+\log B+\log C+\cdots$$

というように掛け算を足し算に置き換えることができます．まず足し算が済んでから，最終結果を指数変換すれば，もともと欲しかった計算結果が得られるのです．

もっとも，対数尤度の計算はプログラムの内部で自動的に実行するのがふつうですので，ユーザーが意識する必要はほぼないでしょう．

1.4　本書の構成

本書の主な構成を図1.11に示します．ベイズ統計学の初心者は，ベイズ統計学の実践にあたっていろいろなハードルに遭遇すると思います．読者がそれらのハードルを飛び越えるお手伝いをすることが本書の目的です．本書の各章で取り上げている悩みと疑問点を説明しましょう．

1章は，ベイズ統計学がどこでベイズの定理を使っているのかという根源的な疑問に答える章です．あわせてベイズ統計学にしばしば登場する一般化線形モデル（GLM）と対数尤度関数を解説しました．2章以降に進む準備になります．

2章と3章では，技術的な基礎についての疑問を取り上げます．本書の前著は「ExcelからRへステップアップ」をスローガンに掲げながらもMCMCはRで実行しました．ではExcelではMCMCは無理なのかという疑問に答えるのが2章です．私の知る範囲ですが，メトロポリス・ヘイスティングス・アルゴリズムをExcelで実行した本は日本で初めてではないかと思います．3章は階層ベイズの実行は難しそうだと悩んでいる方のための章です．Stanを用いた階層ベイズのチュートリアルになっています．

次の4章と5章は，ベイズ統計学がもたらす実践的な価値を示した章です．ベイズ統計学による推定値は従来の推測統計学の推定値と大きく変わるものではないという話を聞くと，「ではなぜベイズ統計学を使うのだろう」という疑問がわくに違いありません．しかしベイズ統計学によって，従来の方法では得

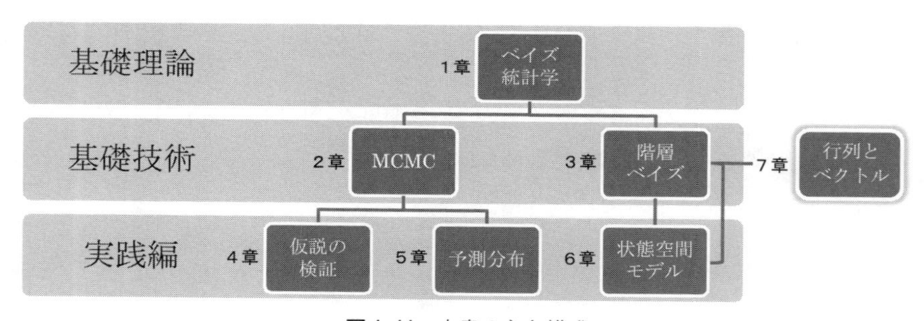

図1.11　本書の主な構成

られなかった知識が導けるのです．

4章では，仮説の検証を扱います．従来の推測統計学では「差があることが分かった」とか「効果があるとはいえなかった」で止まっていたのですが，ベイズ統計学を使えばユーザーが実践的に欲している検証ができるのです．

5章では，予測分布の実践例を示します．ふつうのベイズ統計学のテキストでは予測分布の数式がとても難しそうで悩んでしまう読者がいると思います．けれども，数式はともかくサンプリングの実行は難しくありません．またベイズ予測分布はマーケティングだけでなく経営戦略や会計でも今後重要な概念になるでしょう．

6章では，最近のベイズ統計学の花形ともいえる状態空間モデルをやさしく解説しています．状態空間モデルを使えるようになりたくて本書を手にした読者も多いでしょう．とても平易に状態空間モデルのStanによる実行法を説明しています．

7章では，行列とベクトルを取り上げました．Stanはforループではなく行列とベクトルを使う方が処理を高速化できます．でもその行列とベクトルはRの中で準備してStanに引き渡してやらなければなりません．行列とベクトルは初心者にとって最後のハードルかもしれません．

本書はコンパクトな本ですので，ベイズ統計学のすべての実践分野を網羅できたとはいえません．ベイズ統計学の使いみちはほかにも広がっていますし，ベイズに関連した分析モデルはほかにもあります．そのような一例を付録で紹介しました．

◆探索的データ解析◆

探索的データ解析はテューキが1970年代に提唱したもので，exploratory data analysisの頭文字をとってEDAとも略称されます．**データの可視化**を通じて仮説を発見する主張に特徴があります．下図に示すようにEDAとは，知を探求するための「はじめの言葉」だと位置付けることができます．はじめの言葉があってこそ終わりの言葉が可能になるのだと理解すればよいでしょう．

探索的データ解析はデータを記述するという意味では，記述統計学の流れに属します．しかし単に大量観察の結果を記録するだけだった19世紀までの統計学とは違う面もあります．欠測値や異質集団の存在などデータに潜む問題を発見しようとか，グラフ化とデータ解析を通じて仮説を発見しようという柔軟な姿勢にEDAの特徴があります．

近年はinfographicsなどデータの可視化の技術が進んでいます．テューキらの主張は，データからルールを発見しようとするデータマイニングの思想的な源流になったといえましょう．

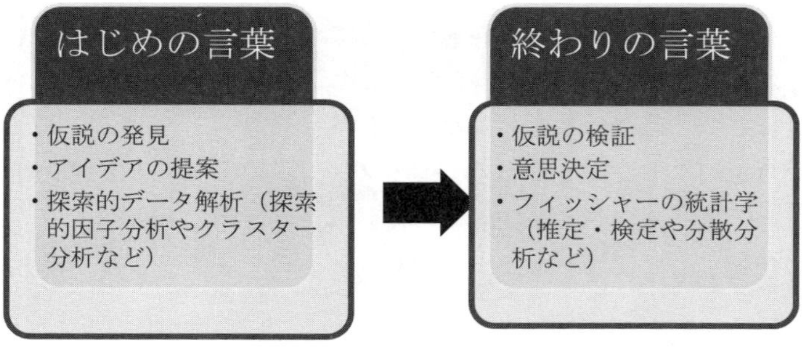

はじめの言葉

・仮説の発見
・アイデアの提案
・探索的データ解析（探索的因子分析やクラスター分析など）

→

終わりの言葉

・仮説の検証
・意思決定
・フィッシャーの統計学（推定・検定や分散分析など）

MCMCをExcelで

ごく簡単なベイズモデルについては事後分布の性質が詳しく調べられています．けれどもビジネスの現場で発生する問題は統計モデルがとかく複雑になりがちです．そのため数式展開だけで事後分布の性質を明らかにすることは難しくなります．そういう場合には，マルコフ連鎖モンテカルロ（Markov Chain Monte Carlo：MCMC）法を使って事後分布についての知識を得るより仕方なくなります．MCMCは乱数シミュレーションによる近似ですから，唯一の正解には達しません．けれども，実用レベルで使うには問題ありません．RのMCMC関係のパッケージやStanを使えばMCMCは簡単に実行できます．

というわけでMCMCの実行はコンピュータに任せるのが現実的ですが，ベイズ統計学の初心者は，まずMCMCでサンプリングしなければならない動機を理解してほしいと思います．次にMCMCが役に立ちそうなことを実感してもらいたいと思います．本章では次の3つの疑問に答えていきます．

・なぜサンプリングする必要があるのだろうか

・ExcelでもMCMCができるのだろうか

・何だか分からない関数にMCMCを適用したら何が分かるのだろうか

2.1 なぜサンプリングが必要か

ここではシミュレーションによる事後分布推定のアイデアを述べます．

■ ベイズの定理

まず（2.1）式のベイズの定理に戻って考えてみましょう．ここで∝は比例関係を表します.

$$f(\theta|D)=kf(D|\theta)f(\theta)\propto \text{尤度関数}\times\text{事前分布}$$
$$\propto \text{尤度関数のカーネル}\times\text{事前分布のカーネル} \tag{2.1}$$

尤度関数 $f(D|\theta)$ と事前分布 $f(\theta)$ は数式で表せるとします．パラメータが複数あれば（2.1）式の θ はベクトルになりますが，それでも f が**スカラー関数**であることに違いはありません．ですから，パラメータ θ の値さえ具体的に与えてしまえば，$f(D|\theta)\times f(\theta)$ という数値どうしの掛け算は実行できます．数値の掛け算は 2×3 は 6 だというスカラーの計算と同じです．結局（2.1）式は 2 つの関数の掛け算が事後分布 $f(\theta|D)$ に比例するといっているのです.

そうだとすれば，単純に $\theta_1, \theta_2, \theta_3, \cdots$ を等間隔で与えて,

$$f(D|\theta_1)f(\theta_1),\ f(D|\theta_2)f(\theta_2),\ f(D|\theta_3)f(\theta_3),\ \cdots$$

の値を実際に計算してプロットすれば，事後分布の概形が描けるのではないでしょうか？ さっそく試してみましょう.

【番組視聴率を予測する例】

あるテレビ番組についてモニター調査をした結果，100 人中 10 人が視聴すると答えたとしましょう．視聴人数が確率 θ の 2 項分布に従って決まると仮定すれば（2.2）式の尤度関数が導かれます．また過去の番組実績から事前分布を（2.3）式のように決めることができたとします．この例の詳しい解説は前著で述べた繰り返しになりますので省きます[1).]

【事後分布∝尤度関数 × 事前分布】

$$\text{尤度関数}\quad f(X=10|\theta)=\binom{100}{10}\times\theta^{10}(1-\theta)^{100-10} \tag{2.2}$$

$$\text{事前分布}\quad f(\theta)=k\times\theta^{90-1}(1-\theta)^{510-1} \tag{2.3}$$

■　事後分布のグラフを描くのは簡単

表 2.1 に計算過程を示しました．まず左の欄にはパラメータ θ を並べておきます．$0.0\leq\theta\leq0.25$ の範囲で刻み幅を 0.01 にしました．視聴率を 1% ずつ変化させて計算しようという狙いです．次の 2 列には，この θ に対応する尤度関

1）　前著『ビジネスマンがはじめて学ぶベイズ統計学— Excel から R へステップアップ—』の 4 章の事例です.

数と事前分布の値をそれぞれ計算して書き込みます．表 2.1 でグレーの色を付けたセルが A3 だとして，同じ行に次の関数を入力します[3]．

尤度関数のセルには

```
=1.73*10^13*(A3^10)*(1-A3)^90
```

事前分布のセルには

```
=(1/2.039564)*10^111*(A3^89)*
 (1-A3)^509
```

尤度関数の `1.73*10^13` という定数は $\binom{100}{10}=1.73\times10^{13}$ という 2 項係数を意味します．事前分布についても規準化定数の逆数を係数に掛けています．最後の事後分布のセルには尤度関数と事前分布の積を書き込んでいます．これも尤度関数の値と事前分布の値を掛け算しました．それに掛けた 20.73 は事後分布を確率密度関数の高さに調整するための定数です．

事後分布のセルは

```
=20.73*B3*C3
```

表 2.1 の 2 行以降のセルは 1 行目の関数をコピーすれば Excel のシートは完成します．

表 2.1 Excel で事後分布を求める[2]

θ	尤度関数	事前分布	事後分布
0	0.000	0.000	0.000
0.01	0.000	0.000	0.000
0.02	0.000	0.000	0.000
0.03	0.001	0.000	0.000
0.04	0.005	0.000	0.000
0.05	0.017	0.000	0.000
0.06	0.040	0.000	0.000
0.07	0.071	0.000	0.000
0.08	0.102	0.000	0.000
0.09	0.124	0.001	0.002
0.1	0.132	0.025	0.069
0.11	0.125	0.411	1.066
0.12	0.108	3.015	6.748
0.13	0.086	11.136	19.840
0.14	0.064	22.676	29.947
0.15	0.044	27.341	25.123
0.16	0.029	20.668	12.482
0.17	0.018	10.260	3.867
0.18	0.011	3.475	0.779
0.19	0.006	0.829	0.106
0.2	0.003	0.143	0.010
0.21	0.002	0.018	0.001
0.22	0.001	0.002	0.000
0.23	0.000	0.000	0.000
0.24	0.000	0.000	0.000
0.25	0.000	0.000	0.000

表 2.1 の事後分布を棒グラフで表したのが図 2.1 です．

以上の確認から，事後分布は $\theta=0.14$ あたりを中心にした山型の関数になりそうだという見当がつきました．

2) 前著の表 4.2 を再掲．

3) 尤度関数の `(A3^10)*(1-A3)^90` は (2.2) 式の $\theta^{10}(1-\theta)^{100-10}$ の計算を表しています．べき乗の記号 ^ は，キーボードの Back space キーの 2 つ左にあります．

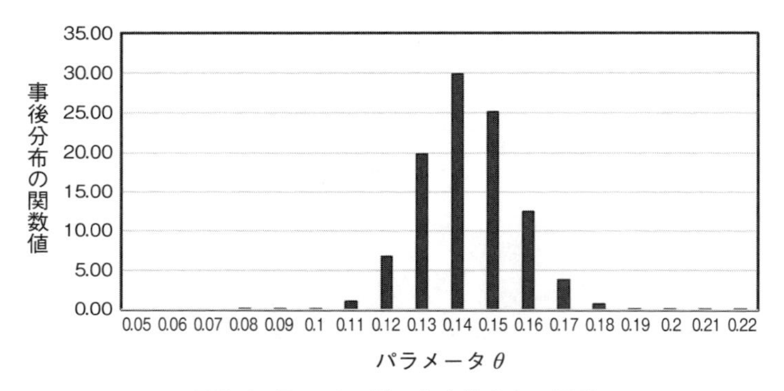

図 2.1　Excelで描いた事後分布の概形

■　事後分布についてもっと詳しく知りたい

けれども事後分布について詳しい推論をするには，図2.1ではまだ情報が足りないのです．本来この事後分布はθに関して連続的な関数でした[4)]．ですからθが0.11と0.12の間も，関数値はゼロではなく何らかの値をとっていたはずです．表2.1でところどころのθだけしか縦座標を計算しなかったので，グラフがスカスカになったのです．

そのためこの図をながめているだけではパラメータθの値の小さい方からちょうど5%にあたるθの値は？ という疑問にも，θが95%入るだろう**信用区間**（credible interval）についても，平均値はいくつだろう？ という疑問にも答えられないのです．ではどうしたらよいかというと，その対策が「サンプリング」なのです．

■　サンプリングとは何か

図2.2が本節の視聴率の事例の事後分布です．もしこの密度関数の高いところでθの値をたくさん発生させ，関数が低い付近のθは少なく発生させることができたらどうでしょうか．このように関数値の大きさに比例してパラメータを発生させることをベイズ統計学ではサンプリングと呼んでいます[5)]．つまり

4)　ここで連続変数というのはパラメータが実数だと仮定したという意味であって，観測変数が連続だったか離散だったかという区別とは別の話です．

5)　販促活動では試供品を配ることをサンプリングと呼び，調査では調査対象を選ぶことをサンプ

サンプルとはパラメータの実現値にほかならないのです．

図 2.2 の横座標の下に並んでいる絨毯の毛足に似たマークは**ラグ**（毛足）と呼ばれるものでサンプルを示します．もしサンプルのヒストグラムを描けば，サンプル数が増えるほど密度関数に似てくるのではないでしょうか．この予想は正しくて，それこそがベイズ推定におけるサンプリングの意味なのです．

後で述べる MCMC を使って図 2.3 のような 10000 個のサンプルが得られたとしましょう．

この先はこれらのサンプルを数値の大小順に並べ替えて，小さい方から 5% のパラメータを見れば，それが下側 5% 点であり，サンプルを平均すれば事後分布の平均値，順に並べた真ん中のサンプルが中央値の推定値を与える，という単純な話です．

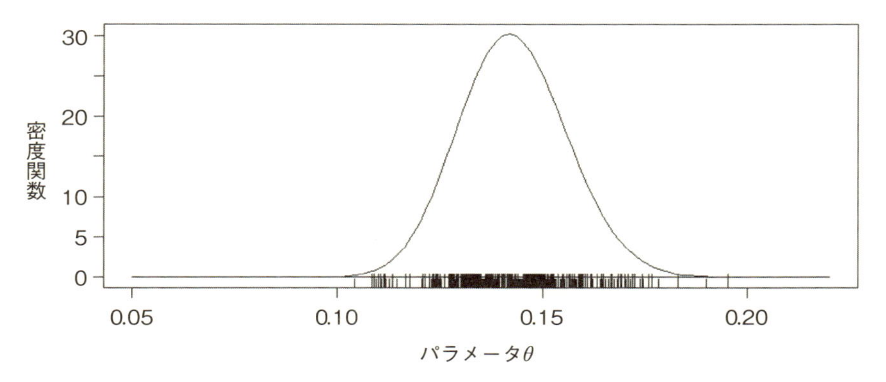

図 2.2　事後分布の密度関数 $f(\theta|D)$ とサンプルの関係
横座標に並んだ毛足が発生サンプル．

0.1560509	0.1441285	0.1165753	0.1467490	0.1409384	0.1484726
0.1265787	0.1463012	0.1262244	0.1297302	0.1337108	0.1618161
0.1253664	0.1152603	0.1256310	0.1509344	0.1497924	0.1302868
（途中省略）					
0.1385956	0.1299916	0.1529961	0.1553269	0.1495885	0.1380196

図 2.3　サンプルの列

リングと呼んでいます．ベイズ統計学でいうサンプリングとは意味が違うので混同しないようにしましょう．

図 2.3 の例の場合，平均値は 0.143 で中央値も 0.143，5% 点は 0.122 だということがデータの並びから分かります[6)].

■ サンプリングはデジタル発想

ベイズ統計学のテキストにはしばしば収束を見るためのトレースライン（図 2.9 参照）や密度関数のグラフが出てきます．そのためベイズ統計学はグラフィックスを中心にした統計学のように思われがちですが，ベイズ推定の中心的な処理は図 2.3 のようなサンプルの列にもとづいて行われます．ですからデジタル的な発想だと理解した方が当たっているでしょう．

さて，視聴率の事例の関数（2.2）式と（2.3）式を振り返ってみますと，事前分布は乱数を発生できる確率分布かもしれませんが，尤度関数の方は確率分布でさえありません．したがってこの 2 つの関数を掛け算した次の（2.4）式の関数からどうやってサンプルを発生させればよいかが問題になります．

$$
\begin{aligned}
f(\theta|D) &= k\times\theta^{10}(1-\theta)^{100-10}\times\theta^{90-1}(1-\theta)^{510-1} \\
&= k\times\theta^{99}(1-\theta)^{599}
\end{aligned}
\qquad (2.4)
$$

（2.4）式の関数は，とても複雑そうに見えます[7)].

もし事後分布が何であるかが分からない場合でも，関数式だけを利用してサンプリングできるとしたら鬼に金棒です．その方法が MCMC です．

2.2　メトロポリス・ヘイスティングス・アルゴリズム

ベイズ推定には古典的な採用・棄却（Acceptance-Rejection：A-R）法から MCMC まで，さまざまなサンプリング技法が提案されています（図 2.4）.

■ メトロポリス・ヘイスティングスの方法

ここではあまり制限なく使えるメトロポリス・ヘイスティングス（MH）のアルゴリズムを説明します[8)]．私たちが本当に知りたいのは事後分布 $f(\theta|D)$

6）シミュレーションで分布のモード（最頻値）を知ることは，パラメータを階級幅に分割しない限り不可能です.

7）（2.4）式は実はベータ分布なのですが，いつでも事後分布がどんな確率分布なのかが分かるとは限りません.

8）メトロポリスというアルゴリズムもあります．MCMC によってなぜ目標とする確率分布

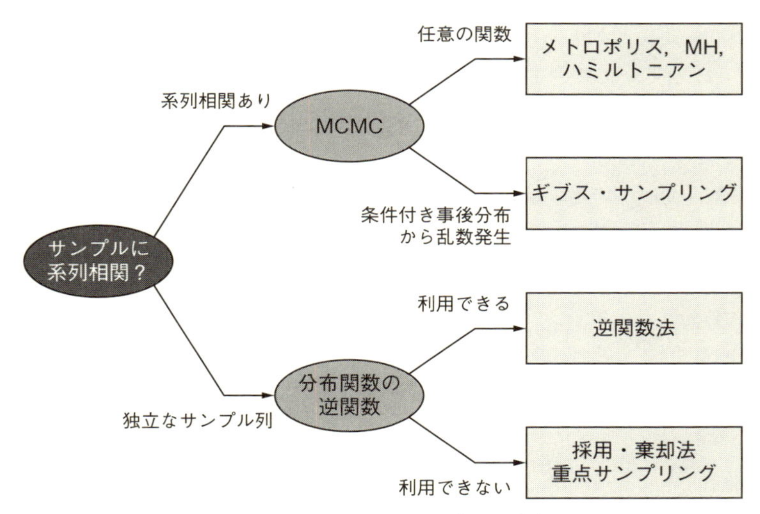

図 2.4　さまざまなサンプリング法

なのですが，それとは別に簡単に乱数を発生できる**提案分布** $q(\theta)$ を利用することと，確率 α でサンプルを推移させるところが MH のミソです[9]．

【独立 MH のアルゴリズム】

1. θ に初期値を与える
2. $q(\theta)$ に従って θ' を独立に発生させる
3. $$\alpha = Min\left\{\frac{f(\theta'|D)}{f(\theta|D)}\cdot\frac{q(\theta)}{q(\theta')}, 1\right\} \tag{2.5}$$
4. 確率 α で θ を θ' に推移させて $\theta=\theta'$ と更新する
   確率 $1-\alpha$ でもとの θ のままで推移しない
5. 2〜4 のステップを何度も繰り返す
6. θ のサンプル列が収束したら反復計算を打ち切る

アルゴリズムは手短ですが，中にはどうしたらいいのか悩むステップや，理解しづらいステップもあります．1〜6 についてそれぞれ補足しましょう．

$f(\theta|D)$ が得られるのか，という理屈については前著の 6 章に書きましたのでここでは省きます．
9)　マルコフ連鎖の用語に従って，採用や移動のことを推移と呼びます．

1. θ の初期値しだいでその後のサンプル列は影響を受けます．心配は心配ですが，たいていは繰り返すうちにサンプル列が安定してきますので，シミュレーションの出だしの方のサンプルを捨ててしまうという処理をします．それを**バーンイン**（焼き入れ）といいます．あとで具体例を見ます．

2. 正規分布のようによく知られた確率分布については，たいていの統計ソフトに乱数発生の関数が備わっていますので，そのような便利な確率分布を提案分布に選んで θ を発生させます[10)]．ここで強調したいのは，$q(\theta)$ はあくまでもパラメータの候補を提案する「提案分布」であって，決して事後分布が $q(\theta)$ に従うと仮定したわけではないことです．なお $q(\theta)$ の定義域は，ターゲットにしている $f(\theta|D)$ の定義域をカバーしていなければなりません．

3. **推移確率**の（2.5）式が分かりづらいのですが，$Min\{\square, 1\}$ というのは，もし□が大きくても確率が1を超えないように α の上限を抑える記号だ，と理解してください．次に□の中の最初の項ですが，分母子に（2.1）式を代入すれば，

$$\frac{f(\theta'|D)}{f(\theta|D)}=\frac{kf(D|\theta')f(\theta')}{kf(D|\theta)f(\theta)}=\frac{f(D|\theta')f(\theta')}{f(D|\theta)f(\theta)} \tag{2.6}$$

事後分布の比をとれば（2.6）式から k が消去できるところがポイントです．このことは MCMC ではカーネルだけを計算すればよいことを意味します．

（2.6）式は，事後分布の値を高める θ' であれば高い確率で推移させるという働きを表しています．図 2.5 がそのイメージ図です．密度関数が高ければサンプルが出現しやすくなりますが，分布の高い峰ばかりにサンプルが集中すると，周辺部の状況が分からなくなります．そこで MCMC では周辺にもある程度の確率でサンプルが出ていくことを許すようにできているのです．

MH はそれに加えて，提案した確率分布の比である $\dfrac{q(\theta)}{q(\theta')}$ を（2.6）に掛けることで一定の分布に収束しやすくしています．

4. 確率 α で推移させる具体的な方法ですが，$0<U<1$ の一様乱数 μ を発生させて，$u<\alpha$ なら推移させることにすれば，それがまさに確率 α で推移させたことになるのです．納得しやすいように図 2.6 にイメージを描いてみまし

10）ここでは θ を独立に発生させていますので独立 MH と呼んでいます．前ステップの θ に依存させて次の θ を発生させるアルゴリズムもあります．

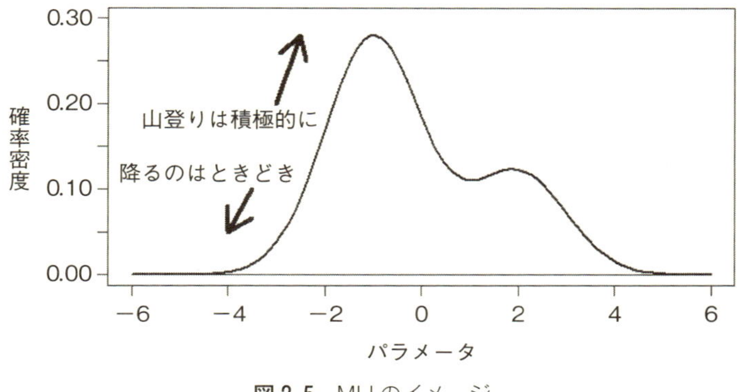

図 2.5　MH のイメージ

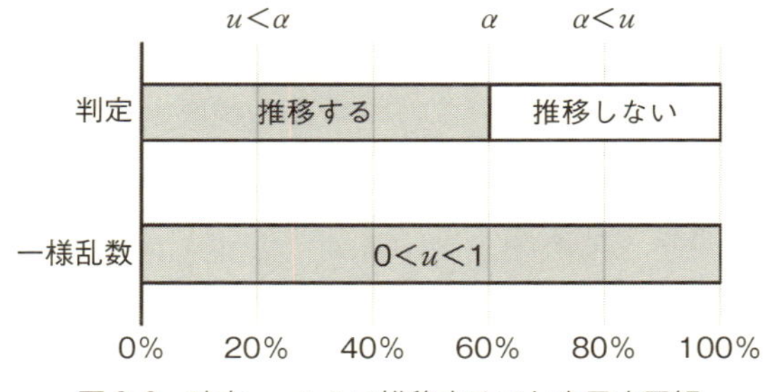

図 2.6　確率 $\alpha=0.6$ で推移することを示す図解

た．図 2.6 は $\alpha=0.6$ の場合に $0<U<1$ の一様乱数と大小比較して判定すれば確率 0.6 で推移するという理由を図解したものです．

ステップ 4 では，θ から θ' に推移した場合，その推移したサンプルを起点にして次のステップに入る点にも注目してください．例えば $\theta=0.11$ から $\theta'=0.15$ に推移した場合には，次のステップ 3 では θ のところを 0.15 に更新して（2.5）式を

$$\alpha=Min\left\{\frac{f(\theta'|D)}{f(2.5|D)}\cdot\frac{q(2.5)}{q(\theta')},1\right\} \tag{2.7}$$

として推移確率を再評価するのです．1 期前の状態に依存してその次の状態が決まる系列を**マルコフ連鎖**と呼びます．そのため MH によるサンプリングには系列相関が出てくるのです．

5 と 6．何回サンプリングすれば必要なサンプル数が得られるかは，やって

みなければ分かりません．その意味で MCMC は試行錯誤の方法といえましょう．これも後で具体例を見ることにします．

2.3　Excel への実装

Excel のマクロや VBA の利用は初心者向きとはいえないので，ここでは Excel に標準的についている関数だけを使って MH を実装してみました．シートを作る準備段階でシミュレーションならではの Excel ワザが必要になります．

■　独立 MH の設計

大胆ですが提案分布として平均 0.12，標準偏差 0.02 の正規分布を使うことにしました．なぜ大胆なのかというと，推定したい視聴率は確率なので $0 \leq \theta \leq 1$ しかとってはいけないのに，正規分布の定義域はマイナス無限大からプラス無限大まで含むからです．

この心配は宿題にしておいて，次にサンプル θ の初期値を例えば 0.11 に設定すれば提案分布の設計は終わりです．事後分布としては（2.4）式のカーネル $\theta^{99}(1-\theta)^{599}$ を使います．カーネルを計算するだけで構わないことは（2.6）式で確認しました．またサンプリングの回数は 10100 回に設定しました．

■　Excel のシートの準備

Excel を使った MCMC では，数式を延々とコピーするドラッグの作業が障害になります．そこで最初にシミュレーションの回数だけ番号振りをしておきます[11]．

まず図 2.7 の A2 のセルに `1` を，A3 のセルに `=A2+1` と関数を入力します．ここで A3 の関数を Ctrl+C でコピーしてから[12]，F5 キーを押すとジャンプ先を聞いてきますので，図 2.7 のように参照先を `A10101` と入力します．

OK を押すとセルが A10101 にジャンプしますので，ホームの貼り付けメニューで「形式を選択して貼り付け」⇒「数式」を選択します．

---

11)　プログラミングでいう**行列・ベクトルの配列宣言**と同じです．
12)　Ctrl+C とは Ctrl キーを押しながら C のキーを押すことを意味します．

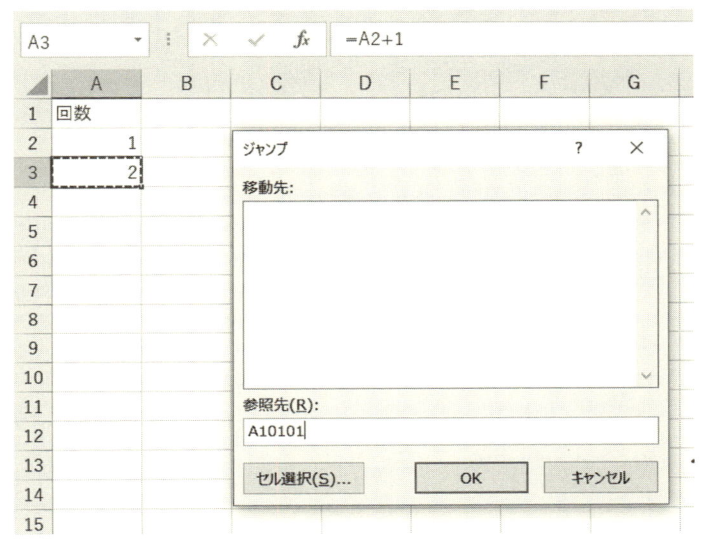

図 2.7 シミュレーション領域の確保

次に Ctrl+Shift +「↑」を押して A 列領域を選択して反転させます．そして Ctrl+V で数式を貼り付ければ A 列に 1〜10100 の番号が振られます．計算が実行されない場合は F9 キーを押してください．

■ MH の実装

次に Excel シートの第 2 行目に入力する関数の説明をします．

B 列） 図 2.8 の B2 のセルには 0.110 と θ の初期値を入力します

C 列） 図 2.8 でグレーの色を付けたセルに =NORM.DIST(B2,0.12,0.02,FALSE) と関数を入力すると，平均 0.12，標準偏差 0.02 の正規分布であって横座標が B2 の位置の確率密度の値が得られます．これが提案分布による密度 $q(\theta)$ です

D 列） =NORM.INV(RAND(),0.12,0.02) によって新しいパラメータの候補 θ^* を提案します．平均 0.12，標準偏差 0.02 の正規分布からの乱数です

E 列） =NORM.DIST(D2,0.12,0.02,FALSE) で提案分布の密度を計算します

C2　　f_x　=NORM.DIST(B2,0.12,0.02,FALSE)

	A	B	C	D	E	F	G	H	I	J
1	回数	サンプルθ	提案分布の密度q(θ)	θ*候補	提案分布の密度q(θ*)	事後分布の現在値f(θ)	事後分布の候補値f(θ*)	推移確率αの第1項	推移確率α	推移判定
2	1	0.110	17.603	0.139	12.708	6.0602E-126	1.6799E-124	38.398	1.000	1
3	2	0.139	12.708	0.098	10.688	1.6799E-124	1.7719E-127	0.001	0.001	0
4	3	0.139	12.708	0.101	12.863	1.6799E-124	5.8333E-127	0.003	0.003	0

図 2.8　Excel で行うメトロポリス・ヘイスティングス法

F列）　`=B2^99*(1-B2)^599`　現在のサンプルにもとづく事後分布の値です

G列）　`=D2^99*(1-D2)^599`　候補のサンプルにもとづく事後分布の値です

H列）　`=(G2/F2)*(C2/E2)`　(2.5) 式にもとづいて推移確率 α の第 1 項を計算します

I 列）　`=IF(H2>1,1,H2)`　によって α が 1 を超えないように上側をカットします

J 列）　`=IF(RAND()<=I2,1,0)`　によって一様乱数を発生させて確率的に推移を判定して，推移する場合には 1 というフラグを立てます

次に B3 のセルに関数を入力します．

B3）　`=IF($J2=1,D2,B2)`　1 回目で判定された θ の値を 2 回目の行にコピーしてくる関数です．1 行上でフラグが立っていればパラメータを推移させます

続く行に関数をコピーする方法は次の通りです．B3 をクリックしてセルの右下のフィルハンドルを「ダブルクリック」すると最後の 10101 行まで関数がコピーされます．C 列から J 列までは関数が 2 行目に入っているので，それぞれについて同様にダブルクリックすればコピーが終わります．

シミュレーションを実行するには F9 キーを押してください．なおセルに何か入力するたびに，シート全体が再計算されては困ることがあります．シミュレーション結果を固定したければ，Excel で「ファイル」⇒「オプション」⇒「数式」を選んでブックの計算を手動にしてください．そして「ブックの保存前に再計算を行う」のチェックを外してください．

■　シミュレーション結果の評価

まずパラメータを点検して負のパラメータや 1 を超えるパラメータが発生しなかったかを点検しましょう．例えば`=COUNTIF(D2:D10101, "<=0")`で負のパラメータをカウントするなどです．もっとも図 2.9 を見ればカウントしなくても明らかです．今回のシミュレーションでは不適切なサンプルは結果的に発生しませんでした[13]．

次に 1 万と 100 回のサンプリングの結果を Excel の折れ線でグラフ化したのが図 2.9 です．初期値の影響は早々に消えているように見えますので，最初の 100 個のサンプルをバーンイン期間として，この先は残りの 1 万個のサンプルで事後分布を見ていくことにしましょう．

1 万個のサンプルの相対度数のグラフを Excel で描いたのが図 2.10 です．

サンプリングのデータから分布の代表値を見ますと

　視聴率の平均値は　　0.143

　中央値は　　　　　　0.143

また標準偏差は 0.013 でした．シミュレーションの初期値は 0.11 と図 2.10 の分布では左端の位置からスタートしたのですが，事後分布は正しく収束してい

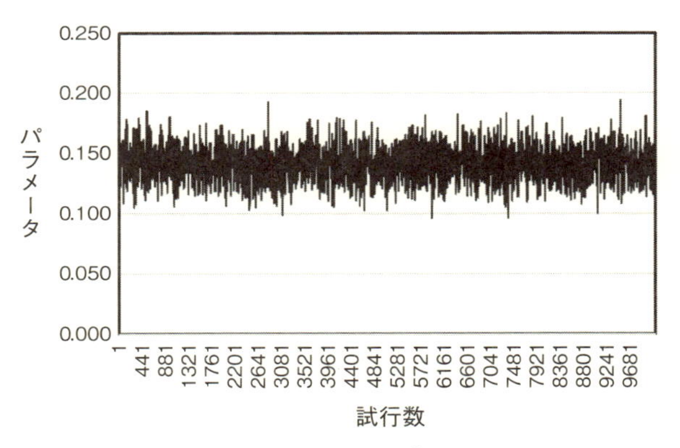

図 2.9　Excel によるサンプルのトレース

13)　このような結果論が気にくわない方は，定義域を $0 \leq \theta \leq 1$ に限定できるベータ分布を提案分布に使えばよいでしょう．ベータ分布の Excel での使い方は前著 4 章で解説しています．

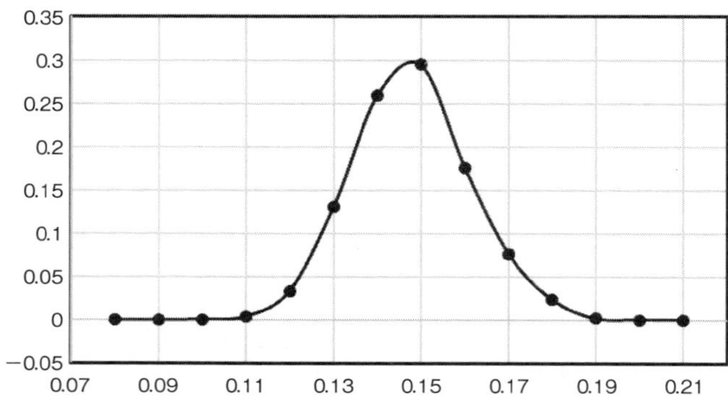

図 2.10 パラメータの事後密度の推定グラフ（相対度数）

ます[14]．

また下側 2.5% 点は 0.118，上側 2.5% 点は 0.170 なので θ の **95%信用区間**は $[0.118<\theta<0.170]$ だということも分かります．ここで利用した Excel 関数は次の通りです．

```
=PERCENTILE.EXC(B102:B10101,0.025)
=PERCENTILE.EXC(B102:B10101,0.975)
```

2.4 未知の関数を近似する

ベイズ統計学では「よく知られた分布」という表現をすることがあります．しかしよく知られた分布だけ使っていれば済むとは限りません．というわけで本節では，ユーザーにとって何だか分からない関数が出てきた時に，それに MH を適用する，というストーリーを考えてみます．それが MCMC の価値を理解するのに役立つからです．

■ 何だか分からない関数を近似する

$$f(x)=e^{-x}\exp(-e^{-x}) \tag{2.8}$$

仮にマーケティングの専門書や Web ページに（2.8）式の関数が載ってい

14）この事例に関しては平均値と中央値が 0.143 のベータ分布だという理論的な正解が分かっています．

て，その解説がほとんど書かれていなかった，という状況を考えてみましょう．(2.8) 式は指数関数が連なった遊びとしか思えない関数で，読者は名前も知らないという前提で話を進めます．指数関数ですから，ともかく正の値をとるのでしょう．関数の定義域も分からないのですが，X の実現値として -1 とか 3 の数値があるという記載がありました．そこで，この関数についてより詳しく知るために MCMC を使ってみよう，というのが本節の設定です．

■ 独立 MH の設計

提案分布は平均 0，標準偏差 1 の標準正規分布を使うことにしました．次にサンプル X の初期値は -1 と 3 という実現値の中をとって 2.0 に設定しました．そして前節までの事後分布の代わりに (2.8) 式の関数を使います．またサンプリングの回数は前節と同様に 10100 回に設定しました．Excel シートの準備も前節と同じです．

■ 何だか分からない関数の MH

前節とほぼ同じなので，Excel シートに入力する関数だけを説明します（図 2.11）．

B 列） 図 2.11 の B2 のセルには `2.000` と X の初期値を入力します
C 列） 図 2.11 でグレーの色を付けたセルに `=NORM.DIST(B2,0,1,FALSE)`
D 列） `=NORM.INV(RAND(),0,1)`
E 列） `=NORM.DIST(D2,0,1,FALSE)` で提案分布の密度を計算します

C2　=NORM.DIST(B2,0,1,FALSE)

	A	B	C	D	E	F	G	H	I	J
1	**回数**	サンプルx	提案分布の密度q(x)	x*候補	提案分布の密度q(x*)	関数の現在値f(x)	関数の候補値f(x*)	推移確率 α の第 1 項	推移確率 α	推移判定
2	1	2.000	0.054	-0.542	0.345	0.1182	0.3082	0.409	0.409	1
3	2	-0.542	0.345	0.421	0.365	0.30817	0.3405	1.043	1.000	1
4	3	0.421	0.365	1.095	0.219	0.34047	0.2394	1.172	1.000	1

図 2.11　未知の関数の MCMC 近似

F 列）　=EXP(-B2)*EXP(-EXP(-B2))　現在のサンプルにもとづく関数の値です

G 列）　=EXP(-D2)*EXP(-EXP(-D2))　候補のサンプルにもとづく関数の値です

H 列）　=(G2/F2)*(C2/E2)　(2.5) 式にもとづいて推移確率 α の第 1 項を計算します

I 列）　=IF(H2>1,1,H2)　によって α が 1 を超えないように上側をカットします

J 列）　=IF(RAND()<=I2,1,0)　によって一様乱数を発生させて確率的に推移を判定して，推移する場合には 1 というフラグを立てます

次に B3 のセルに関数を入力します．

B 3）　=IF($J2=1,D2,B2)

結局 F 列と G 列で前節では事後分布だった箇所を，(2.8) 式の何だか分からない関数に置き換えた以外は同じ MCMC です．

図 2.12 から最初の 100 サンプルをバーンインすることにしました．残った 1 万サンプルの分布を Excel でヒストグラムを描いたのが図 2.13 です[15]．このヒストグラムの縦座標は相対度数ですので，すべての柱の高さを合計すれば 1 になります．

1 万サンプルのデータから平均値が 0.510 で中央値が 0.365 になることが分かります．またパーセンタイル値もサンプルを大きさ順にソートすれば分かります．(2.8) 式の関数についてだいぶ理解が深まりましたね．

ここでは何だか分からない関数を近似する方法として MH が使えることを見てきました．実は (2.8) 式の関数は**第 1 種の極値分布**という確率密度関数です[16]．ガンベル分布とも呼ばれています．この分布を描くと図 2.14 になります．

密度関数の場合は「領域で囲まれた面積」によって確率の大きさを表しま

---

15)　シミュレーションごとに乱数が変わりますので，いつも図 2.13 が再現されるわけではありません．

16)　第 1 種（type Ⅰ）極値分布は離散選択やブランド選択のモデルに使われている分布です．マクファデンはこの分布を用いて多項ロジットモデルを研究して 2000 年にノーベル経済学賞を受賞しました．

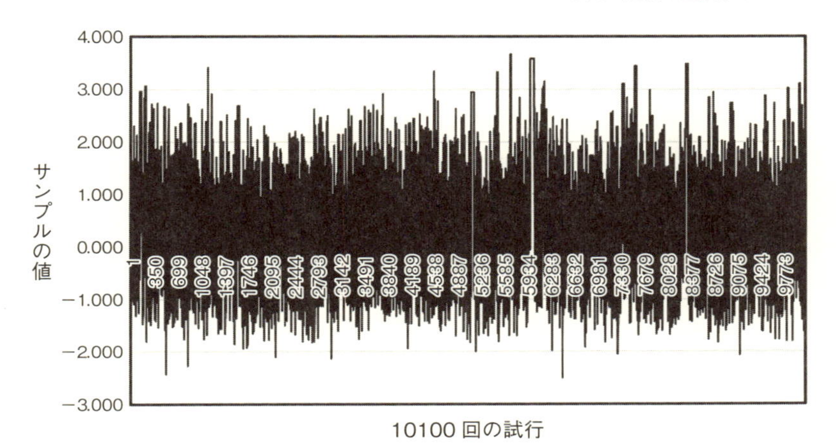

図 2.12 Excel によるトレースライン

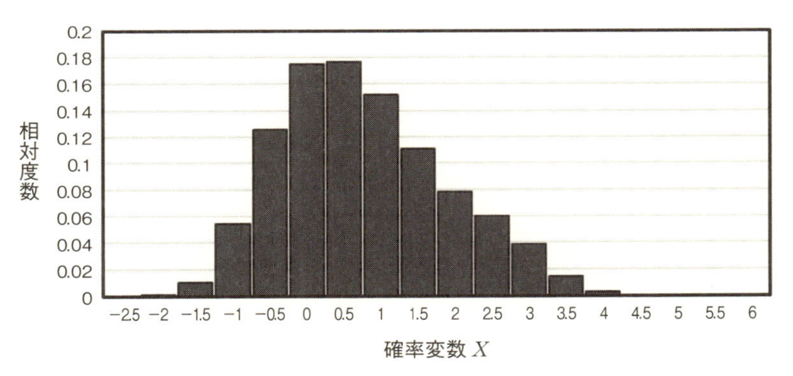

図 2.13 何だか分からない関数の密度関数（10000 サンプルの集計）

す．ですから縦座標の目盛りは相対頻度を表した図 2.13 とは異なります．とはいえこの 2 つのグラフの概形は似ていますね．なお理論分布での平均値は 0.577 で中央値は 0.367 ですので，シミュレーションに近い値です．

■ パーセンタイル値のもう 1 つの求め方

パーセンタイル値は，数式を使って求めることもできます．まず第 1 種の極値分布の分布関数は (2.9) 式で，そのグラフは図 2.15 になります．

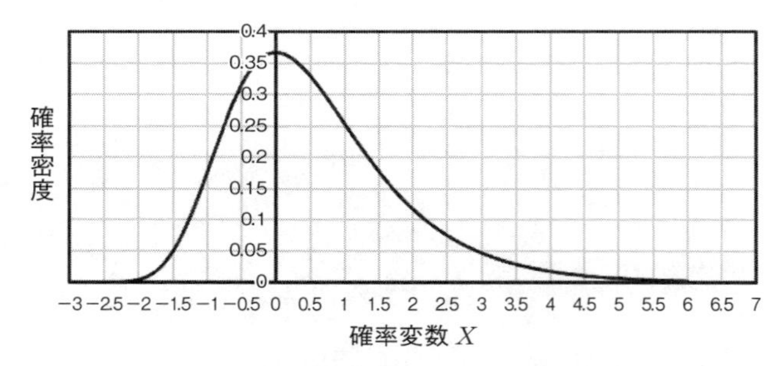

図 2.14　第 1 種の極値分布（正しい関数値）

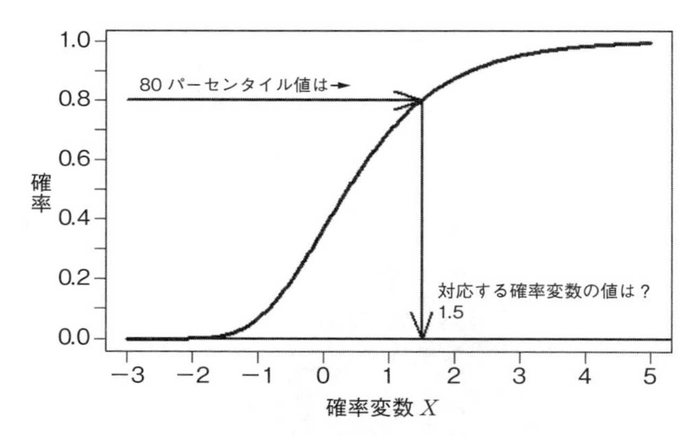

図 2.15　分布関数からパーセンタイル値を知るグラフ（タイプ 1 標準極値分布の分布関数）

$$F(x)=\exp(-\exp(-x)),\qquad -\infty<x<\infty \tag{2.9}$$

分布関数というのは確率変数 X が $X<x$ となる確率を表す関数です．

図 2.15 で矢印のように縦座標の値から横座標の値へとたどるとしましょう．すると確率 $p=0.8$ に対応して $x=1.5$ という横座標の値が出てきます．これは，「確率変数 X が 1.5 以下の値をとる確率は 0.8 である」という意味になります[17]．これが分布関数を使ったパーセンタイル値の求め方です．小さい方からデータを並べて全体の 80% にあたる X の値が 80 パーセンタイル値でしたね．同様に 25%，50%，75% にあたるパーセンタイル値がいわゆる四分位

17）　この逆関数を数式で書けば　$x=F^{-1}(x)=-\log\left(\log\left(\frac{1}{p}\right)\right)$　です．

値で，分布の形状を表現するのによく利用される指標です．

■ 逆関数法のサンプリング

もう1つ，グラフィックなイメージには面白いところがあります．それは，図2.15によって，あるサンプリングの方法が理解できることです．アーチェリーの射手が縦座標のランダムな位置から水平方向に矢を放って，曲線に当たったところでポトリと下に矢が落ちる，という矢場を考えてみましょう．$0<p<1$ の範囲で均一に矢を放ったとすると，カーブが急こう配で立ち上がっている $-1<x<1$ 付近では区間内にたくさんの矢が落ちるはずです．逆にカーブが水平に近い $-4<x<-2$ や $3<x<5$ の区間には，X は同じ2.0の幅なのにめったに矢が落ちないでしょう．こういう調子で，矢をたくさん射て落ちた矢の本数は密度関数 $f(X)$ に比例するでしょう．この仕組みを利用すると，一様乱数で $0<p<1$ の値を発生させ，それを逆関数で x に変換すれば密度関数 $f(X)$ に比例したサンプル列が得られるはずだ，ということが分かります．このサンプリング法が図2.4に書いた逆関数法なのです．

■ MCMCまとめ

2.4節をまとめますと，事後分布を推定するだけがMCMCの役割ではなく，定義域内で正の値をとる任意の関数の分布の様子を知るための一般的な方法であることが分かります．MCMC＝ベイズ統計ではないし，またサンプリング法がMCMCに限らないことも逆関数法で見てきました．

次に本章でMHを取り上げた理由ですが，それはMHのアルゴリズムがとても単純であることを知ってもらいたかったからです．決してMHが高速だとか，サンプルの採択率が高いという理由ではありません．もっと高速で効率的なサンプリング法として**ハミルトニアンモンテカルロ（HMC）法**というMCMCがあります．HMCのアルゴリズムについては優れた解説書がありますのでそちらをご覧ください[18)]．

最後にプログラムについて付け加えますと，本章でExcelを使ってMCMCを実行したのは，読者にサンプリングの過程を一歩一歩確認してもらいたかっ

---

18) 豊田秀樹編著（2015）『基礎からのベイズ統計学』朝倉書店でHMCを詳しく解説しています．

たからです．Excel を使うことが速くて簡単だという意味ではありません．むしろその逆で，R でコードを書いた方が MCMC は楽にできます．本書も後半は徐々に R のコードに移行していこうと思います．

◆R と RStan の環境設定◆

本章の数値例は R のパッケージの `MCMCglmm` を使っても実行できます．けれども自分で尤度関数や事前分布を定義したい場合は，R のパッケージでは融通が利きません．Stan 言語は汎用性のある確率的プログラミング言語ですので自由自在にモデルが組めます．次の手順で Stan に必要な分析環境を準備するとよいでしょう．

R は最新バージョンを選べばよくて，そのバージョンに対応した Rtools を選んでください．例として Windows10（64bit）の場合を書きます．

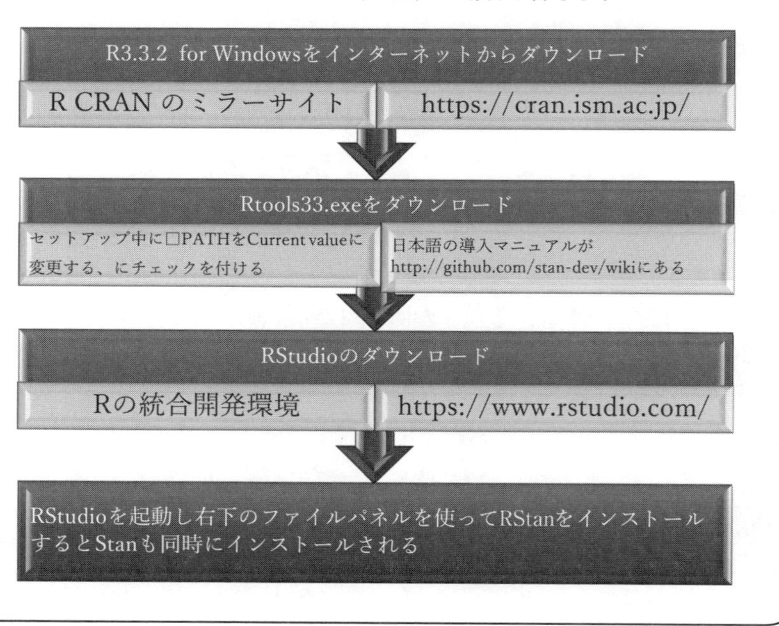
R3.3.2 for Windowsをインターネットからダウンロード
R CRAN のミラーサイト
https://cran.ism.ac.jp/
Rtools33.exeをダウンロード
セットアップ中に□PATHをCurrent valueに変更する、にチェックを付ける
日本語の導入マニュアルが http://github.com/stan-dev/wikiにある
RStudioのダウンロード
Rの統合開発環境
https://www.rstudio.com/
RStudioを起動し右下のファイルパネルを使ってRStanをインストールするとStanも同時にインストールされる

第3章 やさしく読み解く階層ベイズ

第2章でMCMCを解説しましたので，この章ではMCMCを階層ベイズに適用してみましょう．

階層ベイズの魅力は，パラメータの数が多い場合でも比較的安定的な推定ができることにあります．例えばワン・ツー・ワン・マーケティングのためには個人単位で購買見込みを予測する必要があります．ところがビッグデータの時代といっても，特定の個人に限れば情報が足りないのがふつうです．階層ベイズは集団全体の情報を利用しながら個人別のパラメータを推定するという意味で力を発揮します．

本章では，ポアソン回帰といって，尤度関数がポアソン分布に従うと仮定した一般化線形モデルを取り上げます．本章の狙いは次の3つです．

・ごく簡単な例をあげて階層ベイズを理解する

・MCMCでシミュレーションを実行する

・実例をもとに階層ベイズのメリットを実感する

3.1 顧客の価値を評価する

ビジネスでは個々の顧客に応じて対応を変えることが少なくありません．デパートでいうお帳場客[1)] のシステムもそうですし，FSP（フリークエント・ショッパー・プログラム）でも，顧客個人の購買実績に応じて販促サービスを変えます．

---

1) お帳場客とは馴染み客を指す業界用語で江戸時代の呉服屋に始まっています．現金掛値なしの一般客と区別した顧客ターゲットを指します．

■ ポアソン分布

じゃらんリサーチセンターの「じゃらん宿泊旅行調査2017」[2]によれば，過去1年間の延べ宿泊旅行者数は1億4358万人で，市場規模は7兆円を超えるそうです．どういう人が旅行のリピーターなのかを知ることは旅行業界にとって重大な関心事でしょう．

そこで旅行回数についての分析用のデータを作りました．旅行会社の顧客20人分の架空のデータです．企業が本当に知りたいのは顧客別の旅行回数の今後の見込みです．旅行回数の最近の実績値を Y とします．表3.1のデータは，ある一定期間に限って調べた旅行の回数です．このデータは0か正の整数しかとりませんからカウントデータです．また旅行回数に明確な上限はありません．以上の性質から Y のデータはポアソン分布に従って発生すると仮定しても，そう無謀ではないでしょう．

旅行回数の予測に使う**説明変数**としては「ゆとり度 X」を設定しました．この変数は自由裁量所得をもとに量的に計測したものとします．

表3.1の旅行回数の平均値は1.9回です．ポアソン分布のパラメータは平均値の θ だけです．そこで $\theta=1.9$ としてポアソン分布の理論値を計算し，表3.1の Y のデータと対比したのが図3.1です．ポアソン分布は離散的な確率関数なのですが，2つのプロットを見比べやすいようにここでは折れ線でプロットをつなぎました．

表3.1　旅行回数の分析データ

顧客番号	旅行回数	ゆとり度
id	Y	X
1	0	1
2	1	2
3	2	3
4	0	2
5	3	3
6	1	3
7	3	4
8	4	4
9	4	5
10	3	4
11	1	2
12	0	2
13	0	1
14	0	1
15	3	4
16	0	2
17	2	3
18	0	2
19	5	5
20	6	5

2)　Webページ　http://jrc.jalan.net/j/2017/07/2017-80af.html

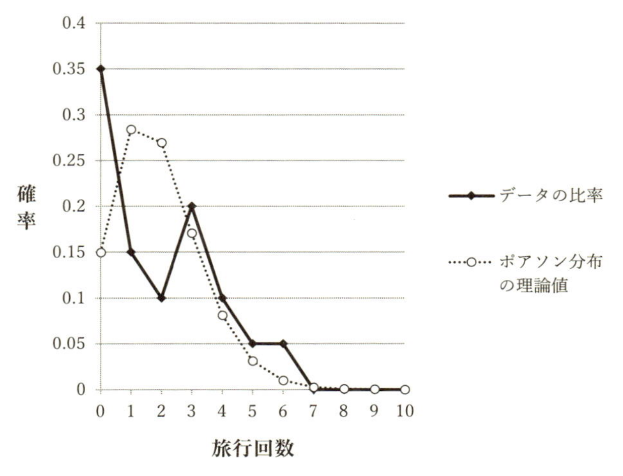

図 3.1　旅行回数のポアソン分布

図 3.1 からデータの比率が理論値と適合しないことは明らかです．このことから 20 人が同一の確率分布に従うのではなく，個人間に異質性があるに違いないという予想ができます．

パラメータが個人 i $(i=1, 2, \cdots, 20)$ によって異なるポアソン分布を示したのが（3.1）式です[3]．

$$f(y|\theta_i)=\frac{\theta_i^y}{y!}\exp(-\theta_i) \qquad (y=0, 1, 2, \cdots) \tag{3.1}$$

この先は次のように分析モデルを精緻化していきます．

モデル A：まず個人差をベイズモデルで表す
モデル B：次に説明変数を加えて個人差を表す

3)　ポアソン分布のパラメータには慣用では λ を使いますが，パラメータの記号をころころ変えると混乱しますので，ここでは θ を使います．

3.2　顧客への理解を深めていく

【モデル A：個人差を表す】

■　20 人のデータからなる尤度関数を構成する

最初に尤度関数を求めてみましょう．例えば顧客番号 1 の旅行回数がポアソン分布に従う確率は $f(Y=0|\theta_1)=\frac{\theta_1^0}{0!}\exp(-\theta_1)$ であり，顧客番号 9 の確率は $f(Y=4|\theta_9)=\frac{\theta_9^4}{4!}\exp(-\theta_9)$ です．

このようにして 20 人分の確率の積を求めて，それを尤度関数に書き換えたのが（3.2）式です．

$$f(\boldsymbol{y}|\boldsymbol{\theta})=\prod_i \frac{\theta_i^{y_i}}{y_i!}\exp(-\theta_i) \qquad (i=1, 2, \cdots, 20) \tag{3.2}$$

（3.2）式はパラメータ θ の「関数」であって，$\boldsymbol{y}$ は測定データとして固定されていることに注意してください．左辺の $\boldsymbol{y}$ と $\boldsymbol{\theta}$ を太字のイタリックで書いたのはどちらもベクトルだということを強調したかったからです．

θ は個人別の旅行回数の確率分布の平均値です．旅行会社の顧客である以上，たまたま「ある期間だけ」0 回だったとしても，本来は $0<\theta$ であるはずです．

次に一般化線形モデルに従って，θ の対数をとり次のようにパラメータを構造化します[4]．

$$\log\theta_i=b_0+r_i \qquad (i=1, 2, \cdots, 20) \tag{3.3}$$

（3.3）式の右辺は**線形予測子**と呼ばれるもので，b_0 は 20 人に共通した定数項です．その次の r_i は個人差であり，b_0 からの偏差を意味します．ベイズ統計学においてはパラメータの r_i も確率変数なので，ランダムの頭文字をとって r の文字を使いました．

一般化線形モデルではふつう（3.3）式の書き方をしますが，階層ベイズで

4）　なぜ対数をとるかというと，（3.3）式の右辺は任意の実数をとります．それを左辺と等号で結べるように，正である θ を任意の実数に単調変換したのだ，と考えてください．詳しくは 1.2 節で解説しました．表 1.1 も参照してください．

は（3.3）式を指数変換した次式の方がよく使われます[5)]．

$$\theta_i = \exp(b_0 + r_i) \qquad (i=1, 2, \cdots, 20) \tag{3.4}$$

この（3.4）式で定めた個人別パラメータ θ_i を（3.2）式に代入することで尤度関数が構造化できるのだと理解すればよいでしょう．

■ 事前分布

ベイズ推定をするためには，尤度関数に含まれる 21 個のパラメータ $\{b_0, r_1, r_2, \cdots, r_{20}\}$ それぞれについて事前分布を設定しなければなりません．

・b_0 についてはとくに情報もないので適当な**無情報事前分布** $f(b_0)$ を仮定します．

・r_i は 20 個と数も多いので，独立して平均 0 標準偏差 s の正規分布に従うものと仮定します．それを $r_i \sim N(0, s)$ と書きます[6)]．

この事前分布は r_i が拡散しないように縛りをかける機能を持ちます．標準偏差である s にもさらに事前分布が必要になりますが，これは無情報とします．ただし，標準偏差ですからマイナスの値をとるはずがありません．そこで $f(s)$ は 0 以上の広い範囲での一様分布と設定します．

■ 事後分布

ベイズ統計学の原則通り，事後分布は尤度関数と事後分布の積に比例します．つまり

$$\begin{aligned} &f(\boldsymbol{\theta}|\boldsymbol{y}) \propto \prod_{i=1}^{20} \frac{\theta_i^{y_i}}{y_i!} \exp(-\theta_i) \times f(b_0) f(s) \prod_{i=1}^{20} f(r_i|s) \\ &\theta_i = \exp(b_0 + r_i) \qquad (i=1, 2, \cdots, 20) \end{aligned} \tag{3.5}$$

（3.5）式右辺の $f(b_0)$ 以降の各項がパラメータの事前分布になります．掛け算ですので，掛ける順番を気にせずに書きました．最後の $\prod$ という記号は積（product）を表した記号でパイと呼びます．具体的には，

$$f(r_1|s) f(r_2|s) \cdots f(r_{20}|s)$$

という 20 項の掛け算を表したものです．

5）（3.3）式と（3.4）式は表現こそ異なりますが，意味は同じです．

6）正規分布はふつう平均と分散で表します．ここで標準偏差を書いたのは，Stan の文法に合わせたためです．プログラムによっては分散の逆数を指定するなど，様々なローカル・ルールがあるためユーザーを困惑させます．

【モデル B：個人差をゆとり度 *X* で説明する】

次に θ_i の違いを説明する変数としてゆとり度 X を導入します．モデル B では（3.4）式を次のように拡張します．

$$\theta_i = \exp(b_0 + b_1 x_i + r_i) \qquad (i = 1, 2, \cdots, 20) \tag{3.6}$$

尤度関数は（3.2）式と（3.6）式で確定します．残る事後分布ですが，モデル A にパラメータ b_1 の事前分布 $f(b_1)$ を追加すればモデル B が完成します．$f(b_1)$ としては b_0 と同じく無情報事前分布を仮定します．

$$\begin{aligned} &f(\boldsymbol{\theta}|\boldsymbol{y}) \propto \prod_{i=1}^{20} \frac{\theta_i^{y_i}}{y_i!} \exp(-\theta_i) \times f(b_0) f(b_1) f(s) \prod_{i=1}^{20} f(r_i|s) \\ &\theta_i = \exp(b_0 + b_1 x_i + r_i) \qquad (i = 1, 2, \cdots, 20) \end{aligned} \tag{3.7}$$

3.3　MCMC でパラメータを推定する

■　MCMC の分析手順

この節では MCMC の実行に Stan を使います．分析手順は次の通りです．

① 分析データを用意する

② R でプログラムを書く

③ Stan で MCMC を実行する

まず PC で MCMC を実行する方針を決めます．オーソドックスな流儀では「データファイル」と「R の実行スクリプト」とベイズモデルを記述した「Stan コード」の 3 つを用意します．けれども，3 点セットでファイルを管理するのは煩わしく，ファイルの散逸が心配になる人もいるでしょう．

そこで本節ではファイルの作成はデータと R スクリプトの 2 つに絞る，という簡略化した方針をとります．必要な Stan コードは R の実行スクリプトの中で記述することにします．

R と RStan の環境設定については 2 章末のコラムをご覧ください．

■　分析データの用意

表 3.1 の分析データを R で分析できるように加工します．Excel で表 3.1 を作成したとして，まず 1 行目の日本語の変数名と罫線や模様の書式をすべて

カットします．次にデータをCSVファイルに書き出します．変数名としては日本語も許されるのですが，半角英数で id, Y, X と書いた方が後々便利です．データファイルの名前も半角英数にして，例えば Table3_1 のような名前で保存します．

具体的にはExcelの中から，「ファイル」⇒「名前を付けて保存」⇒「CSV(コンマ区切り)」を選ぶと，ファイル名に .csv という拡張子が付いて保存されます．そのデータを保存した作業用のディレクトリがどこだったかを忘れないようにしてください．

R用の作業用フォルダはできればDドライブの浅い階層に作ってください．また作業フォルダ名は必ず半角英数にしてください．本節ではこの先2つのモデルを分析しますが，いずれも同じ Table3_1.csv のファイルを利用します．

■ RとStanの役割分担

ユーザーが作成したデータファイルをRが読んできてStanに渡すわけですが，この2つのプログラムの役割分担は図3.2のようになります．

Stanのモデルコードは複数のブロックからできていて，その配列は次の順番と決められています．

data ブロック⇒ parameters 関係のブロック⇒ model ブロック

けれども実際にコードを書く時は，最初に事後分布を表現する model ブロッ

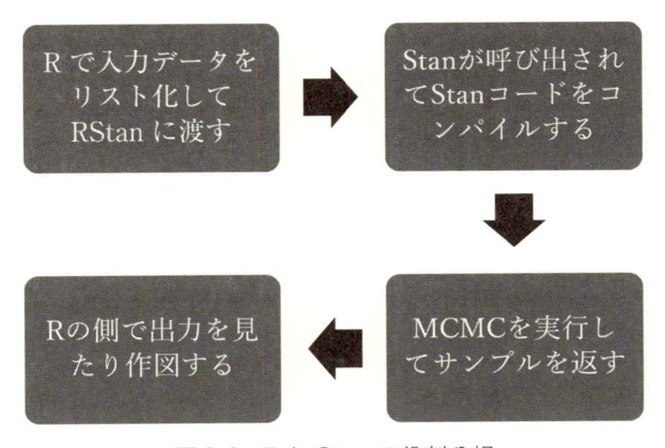

図3.2 RとStanの役割分担

クを書いて，model ブロックに出てくる分析データと定数と推定したいパラメータを整理することから着手するとよいでしょう．次に data と parameters のブロックを書き，最後にそれならどういうリストが必要なのかを R のスクリプトに書く，というのが分かりやすい手順だと思います．

さっそく R のスクリプト全体を見ていきましょう．

■ モデル A：個人差を知る

```
1  d <- read.csv('Table3_1.csv')
2  n <- nrow(d)
3  Y <- d$Y
4  data <- list(n=n, Y=Y)
5
6  ## stan のモデルコード
7  PoissonRegA <-'
8  data {
9    int<lower=0> n;        // number of customer
10   int<lower=0> Y[n];     // number of ryokou
11 }
12
13 parameters {
14   real beta0;
15   real r[n];
16   real<lower=0> s;
17 }
18
19 transformed parameters {
20   real<lower=0> theta[n];
21   for (i in 1:n) {
22     theta[i] = exp(beta0 + r[i]);
23   }
24 }
25
26 model {
27   for (i in 1:n) {
28     Y[i] ~ poisson(theta[i]);
29   }
30   beta0 ~ normal(0, 100);
31   r ~ normal(0, s);
32 }
33 '
34 # Stan の実行
35 library(rstan)
36 fita <- stan(model_code=PoissonRegA,data=data,iter=2000,chains=4,
```

```
37 pars=c('beta0', 'r', 's'), seed=12345)
```

1) `model` ブロック

26 行から 32 行までです．`for (i in 1:n)` のループを n 回繰り返すわけですが，この n は 20 人の顧客を指します．n の値は Stan の外部から教えてやらなければならないことをメモしてください．28 行の `Y[i]` は旅行回数のデータを表し，`[ ]` は配列を示します．

Y がパラメータ θ のポアソン分布に従って発生する，ということを `Y[i] ~ poisson(theta[i])` で宣言しています．この 27〜29 行だけで（3.2）式の尤度関数が書けてしまうのです．

後は事前分布の内容を 30 行と 31 行に書きました．$f(b_0)$ は平均が 0，標準偏差が 100 の正規分布を指定しました．分散は 100 の二乗になるので，とても平べったい無情報事前分布になります．

31 行では個人差の事前分布を顧客 `[i]` を区別せずに `r ~ normal(0, s)` と書きました．ランダムパラメータ r の事前分布が 20 人に共通しているため，「手抜き」の書き方をしたのですが，それでも許されます．

なお `model` ブロック内では各項目が互いにどういう関係にあるのかが一切記述されていませんが，Stan では `model` ブロックに書かれた項目はすべて掛け算されるという暗黙の約束をします[7]．

以上の `model` ブロックに出てきた各記号が，Stan の外部から与えなければならないデータなのか，定数か，それとも MCMC で推定したいパラメータなのかを表 3.2 に整理しました．まだ Stan に慣れない間は，こうした整理をするとよいでしょう．

2) `data` ブロック

8 行から 11 行までです．ここで n と Y が非負の整数であることを `int<lower=0>` という記述で宣言します．`int` が整数という「**変数の型**」宣言で，`< >` は変数の定義域を表す記号です．Stan には n と Y の具体的な数値は分かりませんので，それは R のスクリプトでデータを渡してやらなければなりません．

7） 厳密にいえば，Stan の内部では，各項目は対数をとって足し算が行われています．

表 3.2　各記号の整理

種類	記号	定義を担当するブロック
定数	n	data ブロック
分析データ	Y	data ブロック
パラメータ	beta0, r, s	parameters ブロック
変換パラメータ	theta	transformed parameters ブロック

3)　parameters ブロック，transformed parameters ブロック

残った記号はすべて，この2つのブロックで，それぞれの型と定義域を定義してやらなければなりません．parameters ブロックは13行から17行までで，(3.5) 式に書かれた20個の $r_i\ (i=1, 2, \cdots, 20)$ と b_0, s の合計22個のパラメータを定義しています．いずれも実数であることを real という型で宣言しています．最後の標準偏差の s については，さらに非負という制約を加えています．

transformed parameters ブロックはパラメータから作られるパラメータを記述するブロックです．ここでは θ が何であるかを (3.4) 式に沿って定義しています．対数リンク関数の逆関数である指数関数を使って θ と線形予測子を結びつけたのが22行です．

4)　R へのモデルコードの引き渡し

Stan 用のコードは以上で終わりですが，とても重要なスクリプトが，7行目の関数の定義です．これはユーザーが自由に名前を付けられる関数なのですが，PoissonRegA <-' に始まり33行目の ' までが1つの関数であって，その中身は ' で挟まれた「文字列」です．この文字列は R では理解できないコードです．R と Stan は一見似ていますが，Stan のコードはステートメントの終わりを ;（セミコロン）で区切り，コメント文は // の後ろに書くなど，文法が R と異なります．

5)　R から入力データを渡す最初の部分

モデルのコードを見ると n と Y の具体的な中身が不明のまま残されていることが分かります．外生的に Stan の外から教える役目をしているのが，1〜4行です．とくに4行目の data <- list(n=n, Y=Y) の一行が大切で，このリストだけが Stan に引き渡されます．具体的には n とは顧客の数で20であり，

Y は表 3.1 の旅行回数の入った 20 次のベクトルです．これらのデータをリストと呼ばれるひとくくりのオブジェクトにまとめて Stan に引き渡すのです．

なお ( ) 内の ＝の意味ですが，名称を引き渡す役割です．

Stan の中で使う予定の名称＝すでに R の中で定義済みの名称

`n=n` のように Stan と R で名称を一致させてもいいですし，名称を変更しても構いません．

6）Stan の実行

35 行で RStan という Stan のインターフェースを使えるようにします．具体的な MCMC の実行命令は 36 と 37 行の 2 行で終わりです．ここで何を指定しているかを順に説明しますと，

`model_code=PoissonRegA` という関数に Stan コードが書かれています．

`data=data` `data` という名前のリストに入力したデータが入っています．

`iter=2000` サンプリングの繰り返し計算を 2000 回やれという命令です．

`chains=4` 初期値を変えながらサンプリングを 4 回やれという命令です．

`pars=c('beta0', 'r', 's')` 出力するパラメータはここで指定した 3 種類だけでよいという命令です．

`seed=12345` シミュレーション結果が再現できるように，初期値のシード（種）を 12345 に固定せよという命令です．別の数値を指定しても構いません．

■ MCMC の実行

モデル A の R スクリプトを実行する前に，作業ディレクトリが `Table3_1.csv` の入っているフォルダであるかを確認してください．RStudio を使っている場合は，一連の分析を始める際に新しいプロジェクトを開始して，その段階で作業ディレクトリを "`D:/Rdata/Asakura`" というように設定しますから，作業ディレクトリの指定に間違いは起きません[8]．

また MCMC の実行の際中に `rstudioapi` というパッケージをローディングすることがありますので，あらかじめ RStudio 右下のファイルパネルから該当パッケージに☑を入れてください．

8）R は UNIX 系の言語なのでディレクトリという言葉を使います．`D:/Rdata` は Windows でいうドライブ¥フォルダと同じですが，区切りは ¥ ではなく / です．

Rスクリプトの36行と37行で，いよいよMCMCが実行されます．C++言語でのコンパイルのために時間がかかるかもしれません．サンプリングが終了するとRコンソールとViewerコンソールのバーにある赤い［STOP］のアイコンが消えます[9]．

Rコンソールに`fita`というオブジェクト名を入力してリターンを押せば，

	mean	se_mean	sd	2.5%	25%	50%	75%	97.5%	n_eff	Rhat
beta0	0.27	0.01	0.36	-0.58	0.06	0.31	0.52	0.85	779	1.01
r[1]	-0.78	0.03	0.92	-3.08	-1.22	-0.63	-0.18	0.62	1184	1.00
r[2]	-0.23	0.01	0.72	-1.82	-0.65	-0.18	0.23	1.09	3124	1.00
r[3]	0.18	0.01	0.65	-1.15	-0.21	0.17	0.59	1.50	2402	1.00
r[4]	-0.79	0.02	0.93	-2.98	-1.24	-0.65	-0.17	0.66	1424	1.00
r[5]	0.49	0.02	0.62	-0.71	0.08	0.48	0.91	1.69	1734	1.00
r[6]	-0.22	0.01	0.70	-1.80	-0.64	-0.17	0.25	1.05	3194	1.00
r[7]	0.51	0.02	0.61	-0.65	0.11	0.49	0.90	1.75	1390	1.00
r[8]	0.75	0.02	0.60	-0.32	0.34	0.73	1.14	1.96	1075	1.00
r[9]	0.76	0.02	0.60	-0.32	0.35	0.73	1.16	1.98	1049	1.00
r[10]	0.49	0.02	0.64	-0.73	0.05	0.46	0.90	1.83	1451	1.00
r[11]	-0.20	0.01	0.68	-1.64	-0.60	-0.17	0.24	1.09	3280	1.00
r[12]	-0.77	0.02	0.89	-2.94	-1.20	-0.64	-0.17	0.57	1363	1.00
r[13]	-0.77	0.02	0.87	-2.81	-1.21	-0.66	-0.19	0.62	1641	1.00
r[14]	-0.75	0.02	0.88	-2.80	-1.22	-0.63	-0.15	0.67	1634	1.00
r[15]	0.50	0.02	0.61	-0.65	0.09	0.48	0.89	1.75	1448	1.00
r[16]	-0.78	0.02	0.89	-2.91	-1.23	-0.65	-0.18	0.63	1701	1.00
r[17]	0.18	0.01	0.64	-1.11	-0.22	0.18	0.59	1.46	2191	1.00
r[18]	-0.75	0.02	0.84	-2.64	-1.20	-0.63	-0.19	0.61	1931	1.00
r[19]	0.96	0.02	0.60	-0.12	0.54	0.93	1.35	2.15	935	1.00
r[20]	1.15	0.02	0.60	0.04	0.74	1.14	1.55	2.37	782	1.01
s	0.99	0.02	0.41	0.37	0.70	0.93	1.21	1.94	448	1.01

次のようなシミュレーション結果のサマリーが出力されます．

【モデルAの出力】

MCMCのアウトプットの本体は，22個のパラメータのサンプルについての集計結果です．重要なアウトプットは

①`mean`　これはサンプルの平均値です．事後平均と呼ばれます．

②`sd`　サンプルの標準偏差です．これから`mean`の標準偏差である`se_mean`を計算できます[10]．

---

9)　計算がいつまでも終了しないときは，［STOP］を押して中止させてください．

10)　$se\_mean=\sqrt{\frac{分散}{n\_eff}}$，`beta 0`について計算すると$\sqrt{\frac{0.36^2}{779}}=0.013$です．

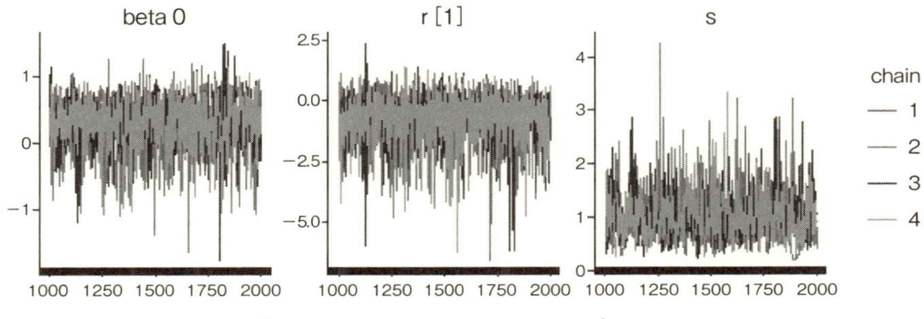

図 3.3 パラメータのトレース・プロット

③ `%` と書かれた出力は分位点を表します．25%，50%，75%が四分位点で，50%点が中央値です．`beta 0` について 2.5%点と 97.5%点を見ると｛−0.58〜0.85｝が 95%信用区間であることが分かります．

④ `n_eff` は有効とされたサンプル数をレポートしています．

⑤ 右端の **`Rhat`** はサンプル列の収束を判定する基準で，$Rhat=1.0$ が望ましく，$Rhat<1.10$ なら収束したと判断します．モデル A の計算例ではすべてのパラメータのサンプル列が収束しています．いくつかのパラメータのトレース・プロットを図 3.3 に示しました．R のコンソールパネルで次のように入力すればよいのです．

```
traceplot(fita, pars=c('beta0','r[1]','s'))
```

最初の 1000 サンプルを自動的にバーンインしていることが分かります．

■ モデル B：説明変数を加える

$$f(\boldsymbol{\theta}|\boldsymbol{y})\propto\prod_{i=1}^{20}\frac{\theta_i^{y_i}}{y_i!}\exp(-\theta_i)\times f(b_0)f(b_1)f(s)\prod_{i=1}^{20}f(r_i|s) \qquad (3.7：再掲)$$

$$\theta_i=\exp(b_0+b_1x_i+r_i) \qquad (i=1,2,\cdots,20)$$

(3.7) 式を見ながら，モデル A の R のスクリプトを直せば済みます．46,47 頁の変更箇所だけを書きましょう．

① 3 行目の次に 1 行追加し，4 行目のリストを直します

```
X <- d$X
data <- list(n=n, Y=Y ,X=X)
```

② もとの7行目の関数名を直します

```
PoissonRegB <-'
```

③ もとの10行目の次に1行追加します

```
real<lower=0> X[n];
```

④ Parameters ブロックに1行追加します

```
real beta1;
```

⑤ もとの22行目のリンク関数を変更します

```
theta[i] = exp(beta0 + beta1 * X[i] + r[i]);
```

⑥ もとの30行の次に1行追加します

```
beta1 ~ normal(0, 100);
```

⑦ もとの36～37行を次のように修正します

```
fitb<-stan(model_code=PoissonRegB, data=data, iter=2000,
chains=4, pars=c('beta0','beta1','r','s'),seed=23456,
control=list(adapt_delta=0.9))
```

モデル B の出力の一部を次に示します．サンプル列はすべて収束しています．

	mean	se_mean	sd	2.5%	25%	50%	75%	97.5%	n_eff	Rhat
beta0	-2.29	0.03	0.72	-3.88	-2.73	-2.23	-1.79	-1.02	719	1.01
beta1	0.81	0.01	0.18	0.50	0.69	0.81	0.92	1.19	769	1.01
r[1]	-0.02	0.00	0.30	-0.70	-0.14	-0.01	0.10	0.58	4000	1.00
r[2]	0.04	0.00	0.31	-0.57	-0.10	0.02	0.16	0.77	4000	1.00
r[3]	0.07	0.00	0.30	-0.49	-0.08	0.03	0.18	0.80	4000	1.00
					(略)					
s	0.27	0.02	0.18	0.04	0.12	0.23	0.37	0.72	134	1.04

【モデル B の出力（抜粋）】

3.4　階層ベイズのメリットは何か

■ 階層ベイズとは何か

そもそもなぜ階層というのかを図 3.4 に示しました．これはモデル A の図解です．観測データは長方形で，推定するパラメータは楕円で示しました．

パラメータの $r_1, r_2, \cdots, r_{20}$ に関する事前分布は $f(r_i|s)$ ですが，この事前分

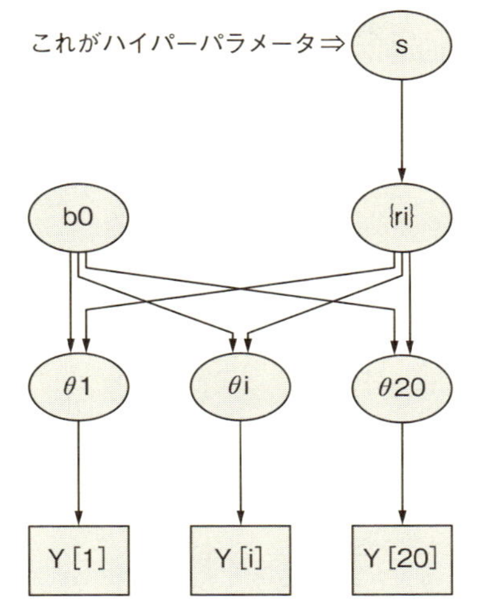

図 3.4　モデル A のパラメータの関係

布にもさらにパラメータ s が入っていて，その s の事前分布 $f(s_0)$ を定義する必要があります．このように事前分布の上に（あるいは奥に）もう一段事前分布が積み重なっているので「階層」と呼ぶのです．またパラメータのパラメータである s のことを**ハイパーパラメータ**と呼びます．

■ 事後平均で比較

A モデル，B モデルについて r_i の事後分布が得られているのですが，情報を要約するために事後平均で事後分布を代表させましょう．表 3.3 の個人差 A, B の欄がランダム項の事後平均です．

表 3.3 は比較検討しやすいように観測値の Y と X の値で昇順に並べ替えて，あらためて番号を振り直したものです．

① 事後平均の絶対値が B よりも A の方が大きいことと，増減のパターンが A と B では違っていることに気づいたと思います．モデル A では Y の情報しか利用していないので，Y の変動はすべてランダム項の r_i で表すしかなかったのです．ところがモデル B では説明変数 X が加わったために，モデルがより精緻になっています．説明変数はほかにもいろいろ考えられます．例えば国内旅行でいうと，20〜34 歳男性，50〜79 歳男性の「一人旅」は増加傾向にあ

表 3.3　分析結果の比較

再番号	旅行回数 Y	ゆとり度 X	個人差 A	個人差 B	予測値 A	予測値 B	OLS の予測値
1	0	1	−0.78	−0.02	0.60	0.22	−0.618
2	0	1	−0.77	−0.02	0.61	0.22	−0.618
3	0	1	−0.75	−0.03	0.62	0.22	−0.618
4	0	2	−0.79	−0.05	0.59	0.49	0.707
5	0	2	−0.77	−0.05	0.61	0.49	0.707
6	0	2	−0.78	−0.05	0.6	0.49	0.707
7	0	2	−0.75	−0.04	0.62	0.49	0.707
8	1	2	−0.23	0.04	1.04	0.53	0.707
9	1	2	−0.2	0.04	1.07	0.53	0.707
10	1	3	−0.22	−0.02	1.05	1.13	2.033
11	2	3	0.18	0.07	1.57	1.23	2.033
12	2	3	0.18	0.06	1.57	1.22	2.033
13	3	3	0.49	0.14	2.14	1.32	2.033
14	3	4	0.51	0.01	2.18	2.61	3.358
15	3	4	0.49	0.02	2.14	2.64	3.358
16	3	4	0.5	0.01	2.16	2.61	3.358
17	4	4	0.75	0.08	2.77	2.8	3.358
18	4	5	0.76	−0.12	2.8	5.16	4.683
19	5	5	0.96	−0.07	3.42	5.42	4.683
20	6	5	1.15	−0.02	4.14	5.7	4.683

ります[11)]．つまり従来は何だかわからないために個人差で片付けられていた変動が，より詳しい個人情報を追加することによって，未知の領域を狭めていける可能性がうかがえるのです．

表 3.3 で興味深いのは 7 行目と 8 行目の比較です．同一の X の値でありながら，事後平均は 7 行目と 8 行目の間で変化しています．これは Y の値が変化したことを反映しています．当たり前だと思われるかもしれませんが，そうではないことを後の③で述べます．

② 次にモデル A は（3.4）式，モデル B は（3.6）式を用いて θ_i を計算しました．それが表 3.3 で「予測値」と書いた旅行回数の平均値です．尺度として Y の欄と比較可能な量です．階層ベイズによる予測値は，たまたまの観測データが 0 回だった顧客についても，多少は旅行の可能性があることを示して

11）「じゃらん宿泊旅行調査 2017」http://jrc.jalan.net/j/2017/07/2017-80af.html

います．

③従来の統計手法では Y を基準変数，X を説明変数にして回帰分析をして，個人別の予測値を出すのが常套手段でした．通常の最小二乗法（ordinary least squares）の頭文字をとって **OLS** と書きます．

OLS による予測式は

$$\hat{y} = -1.944 + 1.325 \times X \tag{3.8}$$

表 3.3 の OLS による予測値はマイナスの旅行回数が 3 人出るという問題を起こしています．(3.8) 式は**不適解**を出す予測式なので使えません．(3.8) 式のもう 1 つの欠点は，7 行目と 8 行目で OLS の予測値が同じ値を出していることです．OLS では (3.8) 式に沿って X の値だけで予測しますから，X が同じなら予測値も同じになります．OLS と階層ベイズとの違いがこのような細部に表れるのです．階層ベイズによって個人別のパラメータを推定したメリットが図 3.5 に表れています．階層ベイズの予測値は，入力データの Y をそのまま書き出したものではないことを確認してください．

■ ハイパーパラメータの役割

本章のモデルでは，r_i が独立して平均 0 標準偏差 s の正規分布に従うと仮定しました．そのため個人差を表す r のサンプルは，0 を中心としながら，0 の近くでたくさんサンプリングされることになります．そのサンプルの散らばり

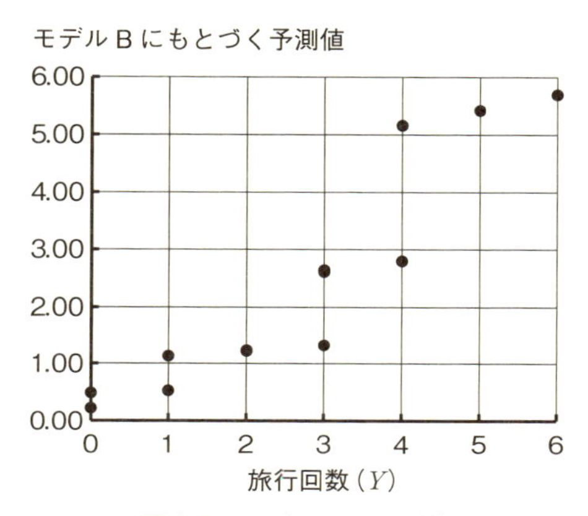

図 3.5　モデル B の予測値

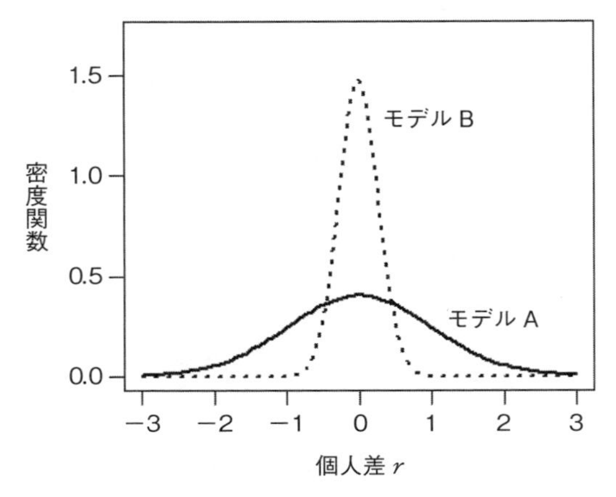

図 3.6　個人差 r に関する階層事前分布

の程度をコントロールしているのが，ハイパーパラメータの s です．モデル A とモデル B ではどのように s が変化したのかをグラフ化したのが図 3.6 です．

図 3.6 は s の事後平均をそれぞれ標準偏差に使った正規分布で，モデル A では $N(0, 0.99)$ とほぼ標準正規分布の事前分布が用いられたのに対して，モデル B では $N(0, 0.27)$ なので，分布がより尖っています．モデル B において個人差の事後平均が 0 に近づいたのは，そのためです．

もし個人差 r の事前分布に正規分布という縛りを与えずに，広い区間で一様分布する無情報事前分布を与えたら，個人差 r のサンプリングはどうなったでしょうか？ あまりに広い区間でのサンプリングになるので，その場合はサンプル列が $Rhat<1.1$ に収束せず，パラメータの推定に成功しません．ハイパーパラメータの s にはサンプル列を収束させる，という効果があるのです．

◆ベイジアンネットワーク◆

ベイジアンネットワークは現象に対する原因や結果等の因果関係をネットワークで表現したモデルです．既知の状態（エビデンス）を入力すると他の未知のエビデンスの確率の変化を定量的に捉えることができるという特徴を持っています．例えば顧客情報やPOSデータ，アンケートデータなどを用いて，顧客の属性や嗜好・購買行動の関連性をモデル化したとします．その上で，ある顧客についての性別や居住地など既知である属性を入力すると，その顧客の購買行動や嗜好性などの未知の情報を確率値で得ることができます．通常の予測モデルでは，求めたい値と原因となる値とを固定してモデル化しますが，ベイジアンネットワークではこれらを固定せずにモデル化し，自由に入れ替えて推論（購買結果から属性を推論するなど）できることが大きな魅力です．

本書では付録でベイジアンネットワークのビジネスへの応用について紹介しています．

ベイズ流の柔軟な仮説の検証

これまでのベイズ統計学を使った応用を見ると，ベイズならではのポテンシャルをうまく使っているとはいえない状況で，従来的な統計学と何ら変わらない手続きで形式的に使われているにすぎない例が数多く見られます．マーケティングのデータ分析でよく使われる重回帰モデルや因子分析などを事前情報が少ない場面で分析しても，従来の統計学による推定値と，ベイズ推定した事後平均にほとんど変わりはありません．しかしベイズ統計学には，従来的な手法と比較して，はるかに実用的なアドバンテージがあります．それは，「柔軟に仮説が検証できる」ことと，「不確実性を考慮して予測を行える」ことです．この章では，ベイズ流の仮説検証の手法を理解しましょう．不確実性のもとでの予測は5章で解説します．

4.1　統計学の応用分野の拡大と仮説検定

現代の科学では，統計学は欠かせないツールになっています．マーケティングや品質管理を含むビジネス分野は当然のこと，自然科学の分野では，物理学，生物学，地理学，コンピュータサイエンス，医学など，社会科学では，心理学，社会学，経済学など，近年では人文科学でも，芸術作品や文芸作品の作者の特徴把握や贋作の真偽の検証のための分析に統計学は応用されています．これらの実証分野では統計学が使われないことの方が少ないでしょう．それではなぜ統計学が，ビジネスと様々な学問分野で汎用的な実証手法の1つになったのでしょうか．その1つの理由として，ネイマンとピアソンが20世紀前半に確立した**統計的検定**によって，汎用的な意思決定のサポートができるからといえます．統計的検定とは，「AとBの平均に差はあるか」，「Cという要因はDに影響を与えているか」などの仮説を正しいと判断する，もしくは保留するかを検証する手法で，ある水準をデータの統計量が超えたら「差があると判断する」，「影響があると判断する」とします[1]．その統計量とは，背後にいろいろなロジックや種類があるにせよ，最終的には**p 値**と呼ばれるものを利用することが多いです．分野によって差がありますが，多くの場合，p 値が0.05を下回ったら，「差があると判断する」，「影響があると判断する」としていることが多いようです．例えば，ビジネス分野の例だと，「新製品Aと既存製品B好意度の平均には差があるから，Aを発売しよう」とか，「マーケティング施策は効果があるのでこの施策を続けよう」といった意思決定に利用されています．

この紋切り型の強力な手続きシステムがあったからこそ，様々な分野で統計学が汎用的に使われることになったといっても過言ではありません．もっと私たちの生活に身近なこととしては，新薬発売などの手順は，ある形式の統計的検定をクリアしないといけません．医学的効能の信頼性は統計的検定の手順に従って行われています．逆にいえば，医学的効能を標榜できないものは，この正式な統計的検定の手続きを経ていない，または行っていないと考えてもよいでしょう．その点において，実際に世の中の人々が体によいと思っている健康食品やサプリメントの多くは，統計的検定をクリアできていない，もしくはそもそもヒトを対象に実験を行い，データを集めて統計的検定を行っていないのいずれかのパターンが多いようです．

ビジネス分野でも統計的検定は，マーケティング・リサーチや品質管理の方法論など産業界にも大きな影響を与えました．現代では統計的検定の結果は，広告上に掲載されるほど身近になり，統計的検定をパスしていることは，科学的に実証されているという一種の太鼓判になっています．しかしながら，その弊害として，効果について議論する場合や解釈する場合は，必ず形式的な仮説検定の手順をふまないといけないといった誤解，または p 値の解釈の間違い

---

1) ここでは，あまり統計的検定に馴染みのない方に対して，単純化してその方式の説明をしています．実際には，**帰無仮説**と呼ばれる「差がない」，「効果がない」について否定をして，**対立仮説**と呼ばれる背反事象である「差がある」，「効果がある」を採用するという方式をとっています．しかし基本的に帰無仮説を積極的に支持することはできず，帰無仮説が棄却できない場合には，対立仮説を支持することを保留すると考えます．

や誤用が増えていってしまったのです．統計的検定の問題点に気づかなかったり，仮説の検証の際に本当に検証したいことと手法の乖離に気づかず統計的検定を行っていることが多くなってしまっているように思えます．

それではベイズ統計学を使えば，従来的な統計的検定とは異なった仮説の検証方法ができるのでしょうか．この章ではその例を示していきます．頻度論と呼ばれる従来の統計学とベイズ統計学が違うところは，推定するパラメータを確率変数か定数かと考えることです[2)]．なぜこの違いが重要なのかというと，ベイズ統計学のアウトプットは，事後分布と呼ばれるパラメータの確率分布です．つまりパラメータの範囲を確率的に考えることができます．例えば，「推測する正規分布の平均パラメータの95%範囲は100～120」など確率的に考えることが可能です．一方，従来の統計的検定では，パラメータはあくまでも定数なので，このような考え方は許されません．例えば，「A社よりB社の顧客満足度が高い」や「マーケティング施策Cが顧客のブランドイメージに与える影響はプラスである」といった仮説があったとします．通常の統計学では，ある基準に沿って仮説があっているかを判断する，または保留するといった二値論理にもとづいた判断をします．しかし (1) 単純な二値論理にもとづいているので，保留だった場合に判断材料となる確度などを議論できない，また (2) 仮説が複雑になると，必要な統計量を汎用的に計算できないので，仮説を検証できないなどの問題点があります．

ベイズ統計学のフレームワークでは，データから仮説が正しい「確率」を計算することになり，(1) 仮説の確度を把握できます．また (2) シミュレーションを使って，柔軟にその計算ができます．次からそれらの例を見ていきましょう．

4.2　選挙の事前調査

具体的に次のような選挙の例を考えましょう．来週の選挙の予測のために多数の有権者からランダム・サンプリングをして，1000人に事前調査を行いました（表4.1）．立候補者は3人です．事前調査のデータから，誰が当選する

2)　区間の推定といえば，従来の統計学では**信頼区間**を思い浮かべる方もいるかもしれません．しかし，信頼区間ではパラメータを定数と考え，その確度は実際には確率ではありません．

表 4.1 事前調査の結果

	A	B	C	投票には行かない
得票数(人)	231	219	214	336

かを検証してみます[3].

この事前調査の結果では，A 氏が一番票を集めているので，3 人の中では A 氏の当選の確度が高いのは直感的に明らかですが，この結果は有権者全員の結果ではなく標本調査の結果なので，もしかすると B 氏や C 氏の方が高い可能性もあるはずです．そこで統計的検定をする動機が生まれるのですが，これは通常の統計学で議論しようとすると非常に困難なことになります．まず仮説の設定をどのようにすればよいのかが難しいと思います．さらにいざ設定したところで統計量をどのように計算すればよいのか，考えるのは非常に困難です．

一方，ベイズ統計学の場合は，事後分布をもとに当選の確度，すなわち確率を計算できます．それを使えば，簡潔に仮説の検定ができます．ここで検証したいことは，どの候補が最大の得票率であるかです．ベイズ統計学の場合は，当選の確度を確率として表すことができるので，A 氏，B 氏，C 氏について，このデータからいえる当選確率を求めてみます．そのために次のように分析の設定をします．

ベイズ統計学の分析は，尤度関数と事前分布を用意して事後分布を求めます．まずは推定パラメータの特定をします．A 氏の真の得票率を p_1，B 氏の真の得票率を p_2，C 氏の真の得票率を p_3，投票には行かない率を p_4 とします．$p_1+p_2+p_3+p_4=1$ です．

A 氏が選挙で勝利する，すなわち得票率が 3 人の中で最大という事象は次のように書くことができます．

$$p_1>p_2 \text{ かつ } p_1>p_3 \tag{4.1}$$

B 氏が 3 人の中で最大という事象は次のように書くことできます．

$$p_2>p_1 \text{ かつ } p_2>p_3 \tag{4.2}$$

3) ここでは，とても強い仮定を置いて分析をしています．(1) ランダム・サンプリングでサンプルの偏りはない，(2) 立候補者のスキャンダルなどで，事前投票の時から投票行動が変わることがない，(3) 選挙当日の天候などによって投票行動が変わることはないなどです．

同様にC氏が3人の中で最大という事象は次のように書くことできます．

$$p_3 > p_1 \text{ かつ } p_3 > p_2 \tag{4.3}$$

無投票の p_4 は無視してもよいので，事象は，この仮説の中でいずれかの状態をとります[4)]．

またデータとして得られる事前調査での調査対象者1000人中の（得票「率」ではなくて）得票数を，同様に y_1, y_2, y_3, y_4 とします．そして得票数の尤度関数として，ここでは**多項分布**を利用します．多項分布とは，「はい・いいえ」，「買う・買わない」，「持っている・持っていない」などの確率事象によく使われる二項分布を多項に一般化した分布であり，「はい・どちらともいえない・いいえ」，「トヨタを購入・日産を購入，ホンダを購入」など3つ以上の選択肢から1つを選ぶ場合の確率事象に使われるモデルです．具体的には，次のような形になります．

$$f(y_1, y_2, y_3, y_4 \mid p_1, p_2, p_3, p_4) \propto \prod_{j=1}^{4} p_j^{y_j} \tag{4.4}$$

この場合は「A氏，B氏，C氏，無投票」のいずれかを選択するという事象を確率モデルに表しています．これを尤度関数として利用します．

さてベイズ統計学によるパラメータの推論をする場合は，事前分布が必要でした．この分析では，多項分布のパラメータ p_1, p_2, p_3, p_4 の事前分布に共役分布である**ディリクレ分布** $Dir(a_1, a_2, a_3, a_4)$ を設定します．このディリクレ（Dirichlet）分布とは，二項分布の自然共役分布であるベータ分布を一般化した分布といえます．p_j の範囲は0以上1以下の値をとり，合計が1になります．

$$f(p_1, p_2, p_3, p_4) \propto \prod_{j=1}^{4} p_j^{a_j - 1} \tag{4.5}$$

ここで，a_j は分析者があらかじめ決めるハイパーパラメータで正の実数です．この分析では，事前の情報はないと考えて，フラットな事前分布を考えます．そのような形状にするには，$a_j=1$ と指定します．この場合，事前の平均がすべての選択肢で1/4になります．そしてこの設定のもとに，パラメータの事後分布を求めると，次のようなディリクレ分布 $Dir(y_1+a_1, y_2+a_2, y_3+$

4)　実際に，無投票を外してサンプル・サイズを664にしても，ここでの設定のもとではこの後の分析の結果は変わりません．このようにある選択肢を外しても他の選択確率に影響を与えないことを**無関係な選択肢からの独立**（I.I.A）といいます．

$a_3, y_4+a_4)$ になります．

$$f(p_1, p_2, p_3, p_4 | y_1, y_2, y_3, y_4) \propto \prod_{j=1}^{4} p_j^{y_j+a_j-1} \tag{4.6}$$

つまりはこの場合は，データとハイパーパラメータを代入して，事後分布は $Dir(231+1, 219+1, 214+1, 336+1) = Dir(232, 220, 215, 337)$ となります．

ディリクレ分布は，m 次元分布ですが，パラメータの総和が1になるため $m-1$ 次元上にプロットできます[5)]．例えば，3次元の場合は図4.1のように2次元上の三角形にプロットできます．図4.1はハイパーパラメータを変化させて乱数を発生させて，プロットした図になります．左上の $a_j=1$ の場合は，均等に散らばっていることがわかります．

少し発展的な話をすれば，ディリクレ分布は，(1) 確率的潜在意味分析 (PLSA) と呼ばれるテキストマイニングの手法を使う時によく利用されます．また (2) 混合分布モデルと呼ばれる分布の山が複数あるような確率モデルに使われ，セグメンテーションで使われます．さらにはカテゴリー数を無限に増やした場合はディリクレ過程と呼ばれ，(3) ノンパラメトリック分布[6)]の近似を行う際によく使われ，現在のベイズ統計モデルの発展を担っている分布です．

さてこの場合は，シミュレーションを使わなくても解析的に事後分布が求まります．ちなみに事後平均は，ディリクレ分布の性質より次のようになります．

$$E(p_j | Data) = \frac{y_j + a_j}{\sum_{j=1}^{4}(y_j + a_j)} \tag{4.7}$$

それぞれ計算するとA氏の得票率の事後平均は23%，B氏の得票率の事後平均は22%，C氏の得票率の事後平均は21%で，無投票は34%となります．事後平均の値はデータを集計した比率とほぼ同様になります．しかし，ここでは代表値である事後平均に興味があるわけではありません．ここで議論するのは，「各候補の当選確率」です．それを計算するにはシミュレーションによる方法が簡単です．事後分布からパラメータを発生させて，当選確率が一番高かったパラメータを数えれば当選確率を計算できます．次の手順になります．

---

5) $m-1$ 個の数値が決まれば m 個目の値は決まってしまうためです．
6) 少数のパラメータでは表現ができない複雑な分布のことを指します．

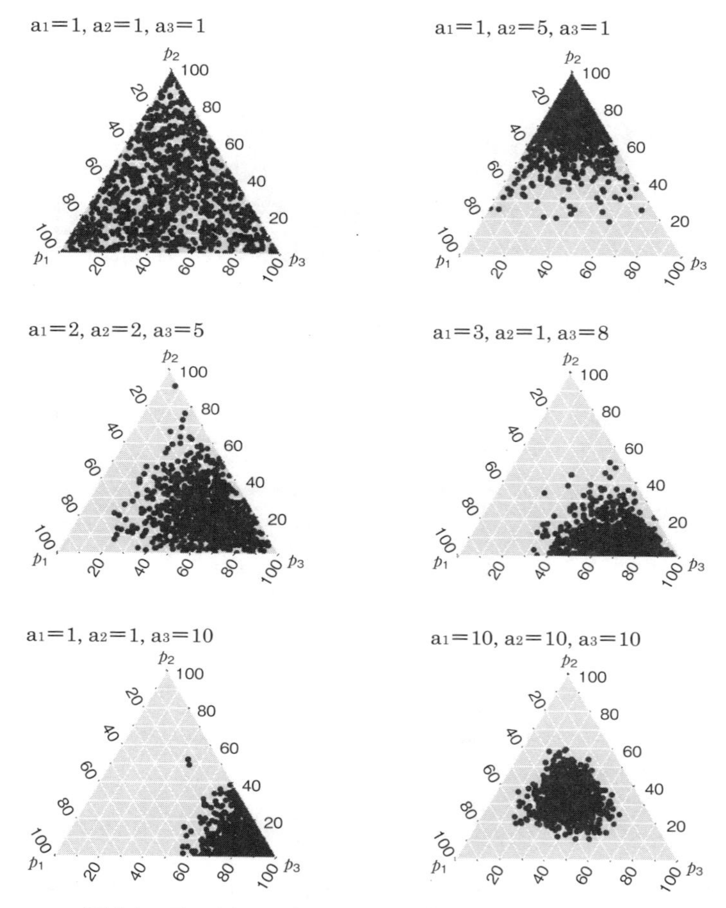

図 4.1　ディリクレ分布からの乱数プロット図（数値は%）

- 何回乱数を発生させるか決める
- 事後分布であるディリクレ分布から，乱数を発生させる
- 3種類のうち，合致する仮説を1，合致しない仮説を0として記録する
- 何回も繰り返す
- 仮説に合致した割合を集計する

実際に，Rで分析してみましょう．ディリクレ分布の発生関数はRのデ

フォルトにないので，先に関数の定義を行います[7]．ここでは，Rのデフォルトにもあるガンマ分布の乱数からディリクレ分布の乱数を発生させるような関数を定義します．

```
###ディリクレ分布の乱数発生関数定義
#Rは発生回数（正の整数），alphaは2次以上のハイパーパラメータ（正数）
rDir <- function(R,alpha) {#引数の型の検査は行っていないので注意！
        m <- length(alpha)#カテゴリー数
        #ガンマ分布から乱数を作成
        g_mat <- t(matrix(rgamma(m*R,alpha,1),m,R))
        return(g_mat/rowSums(g_mat))#R×カテゴリー数の行列形式の結果を返す
}
```

そして，先ほどの事後分布の設定をして乱数を発生させます．ここでは，10万回乱数を発生させて，推論を行います．

```
#100000回乱数を発生させる
P_sim <- rDir(R=100000,alpha=c(231+1,219+1,214+1,336+1))
#無投票を除き各仮説に合致しているかを判定
tb <- apply(P_sim[,-4],1,which.max)
#集計
out <- table(tb)/length(tb)
#ラベルを付ける
names(out) <- c("A氏が当選","B氏が当選","C氏が当選")
#結果を表示
print(out)
```

乱数発生が終わったら，それぞれの仮説に合致した割合を数え，それを現在のデータから推測できる当選確率のシミュレーションとします．乱数による推論なので，試行ごとに少し値は変化しますが，この場合は，A氏が当選する確率は62%，B氏が当選する確率は23%，C氏が当選する確率は15%となりました．得票率の事後平均とは全く異なる数値の確率になります．この場合はMCMC法を使わなくても事後分布が計算できたのですが，事後分布の計算にMCMC法を使った場合も同様に，乱数発生の中で仮説に合致する割合を数えれば，確率が計算できます．

---

7) ここでは，ネット環境におけるパッケージのインストールの手間を考慮して省いていますが，ライブラリー MCMCpack には rdirichlet，ライブラリー gregmisc には rdirichlet という同名のディリクレ分布の乱数発生関数があります．

従来の統計学の仮説検定に慣れている方は，p 値がある水準（有意水準）を下回ったというように閾値を定めているわけではなく当確である判断ではないので，この中途半端な分析結果に戸惑ってしまうかもしれません．この結果だとA氏が勝つのか判断できないではないかと思うかもしれません．しかし，従来的な統計的検定の場合は，「結論がはっきりいえるまでデータをとる」といった姿勢である一方，ベイズ統計学の場合は，「今あるデータにもとづいて結論を考えてみる，ただしそれはあくまでも暫定的な結論」という姿勢です．科学的には従来的の統計学の方が正しい姿勢かもしれませんが，ビジネスの現場で，速報性やコストの面を考えると，ベイズ流の考え方が実効性があると思います．

従来的な統計学の場合は，暫定的な結論は出せないので，ベイズ統計学の方が，より一般的な仮説検定の手段ということができます．さらにいえばベイズ統計学でも，ある基準を決めて結論がはっきりするまでデータをとることも可能です．例えば，誰かの当選確率が95%以上の場合は，その候補が勝つと判断する，またはベイズ統計学の検定の手段には，ここでは詳細には述べませんが，**ベイズ・ファクター**（Bayes Factor）という規準がありますので，それを使って判断することができます．また近年では **WAIC**（widely applicable information criterion；広く使われる情報量規準）という情報量規準もあるので，それを使って判断することも可能です．事後分布から乱数を発生させれば，仮説の確度を簡単にシミュレーションできるので，「差がある」，「効果がある」といった形式にとらわれず，自らが望む形の柔軟な仮説の検証も容易にできます．

4.3　ウェイト集計の仮説検定

次にウェイト集計の検定問題にベイズ的な検定の応用をしてみます．ウェイト集計は，マーケティング・リサーチや世論調査でよく使われる手法です．ウェイト集計に馴染みのない方も多いと思うので，最初にその説明をしたいと思います．ウェイト集計とは，ユーザーと非ユーザー，性別や年代別などの基準で，回収人数を恣意的に定めてサンプリングを行った時に，合算しても，本来の母集団の構成とは異なってしまう場合，それを補正する目的で使われます．もしくは，ランダム・サンプリングをしたが，目標とする母集団の構成と大きく違ってしまった場合にも，それを補正するために使われます．

例えば，ある商品のユーザーと非ユーザーを 100 人ずつ集めたとします．ユーザーの割合が日本全体で 2 割だったすると[8)]，ユーザーと非ユーザーの合算 200 人のサンプルは日本全体の縮図になっているといえません．これではユーザーの意見が実際より大きく反映されてしまいます．恣意的な割り付けでサンプリングする方法は，ユーザーと非ユーザーを別々に十分なサンプル・サイズで分析したい場合や，サンプル・サイズの公正性などの面から実務的にはよく行われている手法ですが，その場合でも，やはり母集団の合致した構成で分析をしたい場合があると思います．その際に日本全体の縮図になるように補正するために，合算のウェイトを定めます．サンプルの比率が 2：8 になる方法を考えると，ユーザーは少なく，非ユーザーの意見を多く取り入れるようにウェイトを考えます．現在の比率が 5：5 なので，ユーザーは 1/5，非ユーザーは 4/5 とウェイトをかけてあげれば，母集団の構成に近づくことになります．数値例で出せば，ユーザーの賛成率が 60%，非ユーザーの賛成率が 40% だったとします．単純に合算してしまうと，50% になりますが，これはユーザーの意見が過大に反映されてしまいます．そこでウェイト集計をすると，$1/5\times60\%+4/5\times40\%=44\%$ になります．単純に合算した場合と比べて，より非ユーザーの意見が反映される結果になります．

より一般的に書けば，グループ j のウェイトを w_j として，グループ j の賛成率を p_j とすると，求めたい母集団の賛成率は次のようになります．

$$p=\sum_{j=1}^{m}w_jp_j \tag{4.8}$$

さてこのようにウェイトを付けて計算した推定に対し，検定などの推測統計の技法を利用したい場合があります．例えば，この意見について，母集団の賛成率は「50% を超えている」かなどの仮説が正しいかを判断する場合です．しかし従来の統計学で考えている検定は，母集団全体からのランダム・サンプリングを想定しており，また同一の分布からのサンプリングを想定しているので，ユーザーと非ユーザーが違う分布に従っているとは考えられないのです．

8)　ここでは，この 2 割という数字は既知とします．すなわち推定誤差のあるパラメータではありません．

よってウェイトを使って計算した場合に，初歩的な統計学の教科書にあるような検定手法をそのまま適応できません．そこでウェイトをかけた場合の検定をベイズ流，またシミュレーション手法を使って考えてみたいと思います．

これを比率の計算に応用してみます．ユーザーの賛成率 p_1 と非ユーザーの賛成率 p_2 は異なると想定します．二項分布を使ってモデル化すると，次のようになります．

$$f(y_1 \mid p_1) \propto p_1^{y_1}(1-p_1)^{n_1-y_1} \tag{4.9}$$

$$f(y_2 \mid p_2) \propto p_2^{y_2}(1-p_2)^{n_2-y_2} \tag{4.10}$$

ユーザーは100人中60人が賛成でした．一方，非ユーザーは100人中40人が賛成でした．それを二項分布 $Binomial(p_j, n_j)$ を使ってモデル化すると，次のようになります．そしてベイズ統計学では，パラメータに事前分布を設定しますが，今回は自然共役分布として，p_1 と p_2 の事前分布に同一のベータ分布 $Beta(a, b)$ を設定します．この設定のもとに事後分布を導出します．

$$f\left(p_1 | y_1\right) \propto p_1^{y_1+a-1}(1-p_1)^{n_1-y_1+b-1} \tag{4.11}$$

$$f\left(p_2 | y_2\right) \propto p_2^{y_2+a-1}(1-p_2)^{n_2-y_2+b-1} \tag{4.12}$$

事後分布はベータ分布 $Beta(y_j+a, n-y_j+b)$ になります．事前分布は一様分布として $a=b=1$ とします．この分布を使ってウェイトのある統計量の検定を行います．ここではウェイトは既知と仮定として，ユーザーのウェイトは $w_1=0.2$，非ユーザーのウェイトは $w_1=0.8$ であり，全体の意見の賛成率は次のように書くことができます．

$$p=0.2p_1+0.8p_2 \tag{4.13}$$

先ほどは p_1 と p_2 に点推定値を入れて，全体の賛成率の点推定値を求めました．しかしそれには推定の不確実性が含まれるのでそのブレ具合を考慮してベイズ流の検定を行います．つまりは全体の賛成率 p の事後分布を求めれば，その検定が可能になります．また一般的に確率変数の変換を行う際には，行列式などを利用して計算を行う必要があるのですが，MCMC法などのシミュレーションを使えば，変換のための計算を行わなくても事後分布を求めることが可能です．その実行のために，次のようにします．

- 事後分布（ベータ分布）から p_1 と p_2 をそれぞれ発生させる
- $p=0.2p_1+0.8p_2$ を計算する

● 何回も繰り返して集めた乱数にもとづいて，仮説に合致する数を数える

この場合の仮説は $p>0.5$ として，その数を発生させた乱数の中で数えます．これを R でやってみましょう．

```
#回数の指定
R <- 100000
#事後分布のシミュレート
p1_sim <- rbeta(R,60+1,40+1)#p1
p2_sim <- rbeta(R,40+1,60+1)#p2
p_sim <- 0.2*p1_sim+0.8*p2_sim#p
#仮説が合致した率を求める
mean(p_sim>0.5)
```

$p=0.2p_1+0.8p_2$ の事後分布を求め，仮説に合致している割合を求めています（図 4.2）．

この場合は，$p>0.5$ の確率は 7%でした．このデータのもとでは，この値で仮説があっているかは強く断定することはできませんが，暫定的な結論としては，仮説が合っている可能性は少ないといえるでしょう．

ここでは，ウェイトのある推定にベイズ統計学のフレームワークを応用しました．このケースは，ウェイトが既知，すなわち定数と想定しました．ウェイトが未知の場合は，データからウェイトをパラメータとして推定する必要があ

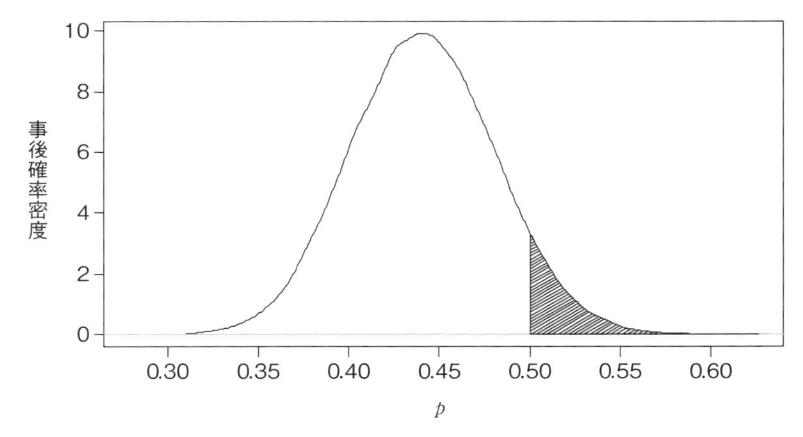

図 4.2　$p=0.2p_1+0.8p_2$ の事後分布（斜線分は 0.5 以上の部分を表す）

ります．その場合は，ウェイトがディリクレ分布に従っているとして，同様にウェイト自体と同時にシミュレーションを行えば，検定を行うことができます．

4.4　重回帰モデルの偏回帰係数の比較

3つ目の例として，顧客満足度の分析などに使われる重回帰モデルに応用します．ビジネスにおいて顧客満足度の理解は重要です．そのために企業では，調査データを用いて，その満足度を測定することが多く行われます．その場合は，まず企業の提供するサービスに対して全体的に満足しているかを問う総合満足度を尋ね，その次に接客や提供している商品などに満足しているかなど，個別の満足度を尋ねることがよく行われます．そしてどの個別満足度が総合満足度に大きな影響を与えているかを検証し，今後のビジネス活動の注力分野を決定します．

このような満足度の分析には，重回帰モデルが使われることが多いです．重回帰モデルは，多変量解析の基礎的なモデルであり，ある1つの**基準変数**と呼ばれる結果の変数があって，それに影響している**説明変数**と呼ばれる複数の原因の変数があり，その影響度を把握するための分析手法です．この分析の場合は総合満足度が基準変数で，複数の個別満足度が説明変数となります．個別満足度には，ここでは例示として，ある耐久財の製品を販売する業種を想定して，x_{i1}：「品質満足度」，x_{i2}：「魅力満足度」，x_{i3}：「接客満足度」，x_{i4}：「アフターサービス満足度」の4つの個別顧客満足度を設定します．iは調査対象者を表すインディケーターです．これらの変数は1〜10点の10段階の尺度で，アンケート調査で測定されているとします．これを連続変数と疑似的にみなして分析を行います．そしてそれらが，同じく10段階の尺度の基準変数y_i：「総合満足度」に影響を与えていると考え，それらの関係を図示すると図4.3のようになります．

データのイメージはExcelで示すと図4.4のようになります．重回帰分析を行うと各個別満足度が総合満足度に与える影響度を把握できます．このモデルを推定します．これを式で書くと次のようになります．

$$y_i = \beta_0 + \beta_1 x_{i1} + \beta_2 x_{i2} + \beta_3 x_{i3} + \beta_4 x_{i4} + \varepsilon_i, \quad \varepsilon_i \sim N(0, \sigma^2) \qquad (4.14)$$

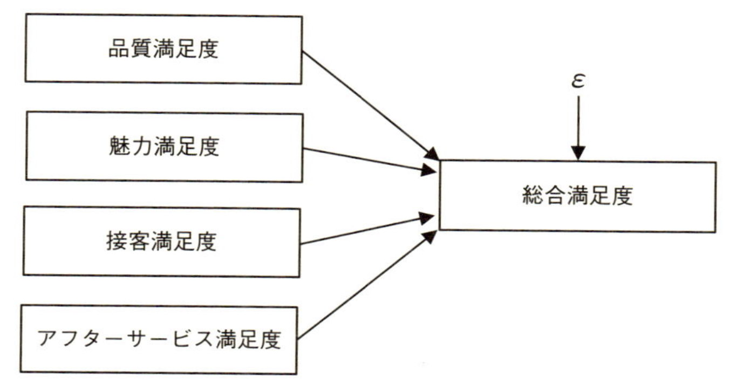

図 4.3　重回帰モデルのパス図

	A	B	C	D	E	F	G	H
1	num	総合満足度	品質満足度	魅力満足度	接客満足度	アフターサービス満足度		
2	1	7	6	6	7	5		
3	2	7	7	6	5	5		
4	3	9	6	7	6	8		
5	4	7	7	7	6	5		
6	5	8	8	8	7	5		
7	6	10	8	7	8	5		
8	7	8	8	7	5	5		
9	8	7	7	7	7	5		
10	9	6	7	7	5	3		
11	10	8	8	8	6	4		

図 4.4　満足度データの Excel

ここで，β_0 は切片，β_j は偏回帰係数で推定対象となるパラメータとなります．もし β_j が正ならば個別満足度 x_{ij} が上がれば，総合満足度 y_i が上がる関係になります．ε_i は個別満足度以外の要因の変動部分で，誤差項 ε_i が正規分布 $N(0,\sigma^2)$ に従うとします．誤差項の分散 σ^2 も推定対象のパラメータです．これらの切片 β_0，偏回帰係数 β_j，誤差項の分散 σ^2 がベイズ推定の興味ある対象，すなわち事後分布を求める部分になります．これをもとに尤度関数を記述することが可能ですが，記述が複雑になるので，若干天下り式にはなりますが，次の事前分布のもとで事後分布の結果を示します．まず切片 β_0 と偏回帰係数 β_j の事前分布は，それぞれ正規分布 $N(0,\sigma^2\times100^2)$ に従うとします．また σ^2 は，共役分布として逆カイ二乗分布 $\chi_3^{-2}(6)$ に従うとします．この設定のもとだと MCMC 法を使わずとも周辺事後分布を求めることができ，具体的には切片 β_0 と偏回帰係数 β_j の周辺事後分布は t 分布，誤差項の分散 σ^2 は逆カイ二乗分布に従います.

最初に比較を行うために，従来的な統計学である最尤法による分析結果を例示します．その分析結果を表4.2にまとめておきます．これによって個別満足度を1単位上げた時の上昇分の推定値がわかります．これにもとづいて，よくある解釈例を示します.

『4つの顧客満足の偏回帰係数のうち，5%水準で有意になった（偏回帰係数が0ではないと判断できる）ものは，p値から，「品質満足度」,「魅力満足度」,「アフターサービス満足度」の3つである．「接客満足度」は有意ではないので，影響があるかはわからない（しかし影響がないとは断定できない)．有意になった3つの満足度のうち，「魅力満足度」は一番推定値が大きいので影響度が大きい.』

上の説明でも利用したように通常の重回帰モデルにおける統計的検定では,「偏回帰係数が0ではない」=「個別満足度が正か負かに関係なく，何かしら影響がある」という両側検定を偏回帰係数の推定値に対して行うことが多いです．それは偏回帰係数が，無駄ではない最低限の条件になります．しかし，個別満足度が与える影響を把握することを考えると，むしろここでは個別満足度が正である可能性に興味があるはずです．もし負になってしまうと，それは個別満足度が上がると総合満足度が下がるいう解釈になるからです．つまりは最低限の条件として,「すべてが正である」=「1つも負ではない」ことになります．このことを仮説の1つとします.

また満足度のうち，一番大きいのは「魅力満足度」ですが，はたしてそれは本当でしょうか.「品質満足度」も同等の大きさになっていますが，本当はど

表 4.2　重回帰モデルの従来の統計学（最尤法）の推定結果

	推定値	標準誤差	t 値	p 値
切片	0.213	0.740	0.288	0.774
品質満足度	0.359	0.110	3.260	0.002
魅力満足度	0.374	0.107	3.505	0.001
接客満足度	0.140	0.081	1.721	0.088
アフターサービス満足度	0.263	0.067	3.960	0.000

れが一番影響力が大きいのでしょうか[9]．例えば，『「魅力満足度」が 4 つの個別満足度の中で一番正の影響度が高い』という仮説が考えられます．これらを検証するために，ベイズ統計学のフレームワークを利用します．まずは，先ほどのようにベイズ推定の結果を表 4.3 にまとめます．ここで**信用区間**とは，ある確率で真の値があると考えられる範囲です．事後平均と事後標準偏差は，最尤法の推定値と標準誤差とほぼ変わらないことがわかりますが，さきほどの仮説についてシミュレーションでその確度を計算してみましょう．このデータから「すべての偏回帰係数が正といえるか」を計算します．具体的には，事後分布から β_j を発生させてその値がすべて正の確率を考えます．ここではその確率は 95% となりました．よってその確度は高いといえるでしょう．

次に偏回帰係数の比較を行いましょう．例えば自分が品質管理の担当ならば，「品質満足度」が一番大きいかどうかは興味のある疑問になるでしょう．それを計算すると，「品質満足度」の偏回帰係数が一番大きい確率は 44.3%，「魅力満足度」は 50.4%「接客満足度」は 0.2%「アフターサービス満足度」は 5.2% となります．「品質満足度」と「魅力満足度」は，「接客満足度」や「アフターサービス満足度」よりは大きい可能性は高いが，どちらが大きいかは僅差ということがわかります．

ここでは，重回帰モデルの偏回帰係数について，ベイズ的な仮説の検証方法を述べました．通常の統計学の仮説検定では係数を複合的に比較するのは非常に厄介な問題ですが，ベイズ統計学ではシミュレーションによって，自分の目

表 4.3 重回帰モデルのベイズ推定結果

	事後平均	事後標準偏差	95%信用区間	
切片	0.213	0.754	−1.283	1.709
品質満足度	0.359	0.112	0.136	0.581
魅力満足度	0.374	0.109	0.158	0.589
接客満足度	0.140	0.083	−0.024	0.304
アフターサービス満足度	0.263	0.068	0.129	0.398

9) 説明変数の影響度を比較する際には，データから標本平均を引き，標本標準偏差で割る**標準化**と呼ばれる操作をすることがあります．この操作によって単位の異なる変数間の比較ができます．しかしここでは説明変数の単位が揃っており，かつ解釈の単純性の面から標準化をしないで比較を行います．

的に沿って仮説の検証を行うことができます.

従来の統計学の結果の解釈では，モデル選択の過程とパラメータの推定値と統計的検定を表にまとめ，統計的に有意になったパラメータについて機械的に解釈をしていくというスタイルが定着していました．せっかくベイズ統計学を使っているのに，従来の統計学の代替のように点推定値と両側検定のみで解釈を行っているレポートがありますが，それでは推定方法の単なる代替にすぎず，積極的にベイズ統計学を使う理由にはなりません．また今後は機械学習がそのように自動的な解釈を行い，ルーティンワークを行うことも考えられます．近年データ・サイエンティストと呼ばれる職業が脚光を浴びていますが，データ分析の社会的ニーズが増えると一番に自動化されるのは皮肉なことにデータ・サイエンティストの仕事といえるでしょう．むしろ今後はデータにもとづく新しい仮説や，少し角度を変えた見方など解釈の幅を持たせるなど「データの目利き」としての役割が，データ分析の現場において重要なのではないでしょうか．その点において，ベイズ統計学にもとづいた柔軟な検証方法を使えば，データにもとづいた解釈の幅が出てくると思います．暫定的な結論が出せる，またシミュレーションで簡単に柔軟な統計的検定ができるという利点を最大限利用して，様々な意思決定の参考にしましょう.

◆機械学習におけるベイズ統計学◆

近年，機械学習と呼ばれる統計的技法が，様々な分野で注目されるようになりました．従来的にはデータマイニングと呼ばれていた技法とほぼ内容は変わりませんが，ビジネスの世界でもその重要性が増しているといえます.

その技法の中で，データから因果構造を探索するベイジアンネットワークや，迷惑メールの分別に使われるナイーブベイズなどベイズの名前がついたものもあります．ただ，これらの手法はモデルの考え方にベイズの定理を使うだけであって，実はモデルのパラメータの推定手順において，必ずしもベイズ統計学を使っているわけではありません．例えば，ベイジアンネットワークを，従来的な手法である最尤法で推定することもできます.

それでは機械学習において，ベイズ統計学はモデル推定の手法として利用されているのでしょうか．機械学習の技法には，入力（説明変数）と出力（基準変数）のセットがある教師あり学習と，出力がない教師なし学習がありますが，教師なし学習においては，顧客のセグメンテーションや自然言語処理における文書の分類に使われるクラスタリングやトピックモデルにおいて，ディリクレ分布を事前分布としてベイズ統計学がよく使われています．また教師あり学習の方では，人工知能の基盤であるニューラルネットワークのパラメータ推定でも，近年，ベイズ統計学が使われています．

ベイズ統計学が使われている理由としては，次の点があげられます．従来的な機械学習の欠点として，分析者が手さぐり的にモデルのチューニングを行わなければならず，手間がかかることがありました．ベイズ統計学のフレームワークでは，そのパラメータを確率化して自動的に更新でき，その手間を省力化することができます．また推定パラメータが多い場合に既存の手法では，モデルが既存のデータに対してオーバーフィッティング（過学習）してしまうことがあります．オーバーフィッティングしてしまうと解釈や予測の際に不都合を起こします．それに対して，事前情報としてパラメータに緩やかな制約を入れることで，それを回避することができます．またモデルの選択においても，単なる既存データにおけるフィッティングのよさだけなく，統計的にモデルの複雑性を考慮して行うことができるので，既存の手法よりアドバンテージがあるといえます．

また事後分布の数値計算法として，機械学習ではデータ取得と同時にリアルタイムに計算して自動的に意思決定をすることも多く，収束に時間がかかることもある MCMC 法などの乱数法以外にも，事後分布を正規分布で近似を行うラプラス近似や，任意の独立な確率分布で事後分布を近似する変分ベイズ法などの近似的解が計算速度や取扱いの面から利用されることも多いようです．

第 5 章

予測分布を使って不確実性を計算

ベイズ統計学の利点の１つとして，不確実性について確率を使ってうまく表現できることにあります．この章では，この利点を使った事例を紹介します．ベイズ統計学は一貫した体系であり，その手続きに次のデータの出現を予測するための分布である予測分布があります．これを使って，ビジネスの予測にデータを活用することができます．

5.1　予測について

ビジネスでデータを利用する目的は何でしょうか．消費者の行動を理解したい，マーケティング活動に客観性を持たせたいなど様々な理由があるはずですが，大きな目的として過去のデータから将来の予測を行うことがあると思います．統計学の分野では，様々な予測のためのモデルがあります．時系列分析と呼ばれる分野では，ARMA モデルに代表されるボックス・ジェンキンスモデルや，全体的な傾向を見たいときには，株価のチャートなどで見られる移動平均法などの方法があります．また説明変数がある場合は，重回帰モデルやそれに関連したモデルが実務的には利用されることが多いようです．しかしどんな高度な統計モデルを使ってもピタリと予測を的中させることは難しいといえます．そもそも大量のデータをもとに高度な統計学の方法を使って予測を行えば精度がよくなるかといえば難しい側面があります．もし大量のデータによく適合するモデルを構築しても，確率モデルである以上，次のデータの予測には不確実性が入るからです．例えば日本人の性別のデータがあって，ランダム・サンプリングで次に得られる性別データの予測を行いたいとします．しかし当たり前かもしれませんが，いくら大量の性別に関するデータがあっても，次に得られる性別のデータが男性か女性かはほぼ1/2であり，決して精度がよくなるわけではありません．これは極端な例かもしれませんが，よい推定法を使ってよいモデルを作ったとしても，次の一手を読むには不確実性を常に含みます．

さらにはデータが少ない状況ではどうでしょうか．その場合には予測対象の変数[1]自体に関する不確実性のほかに，モデル推定の不確実性を含みます．つまりデータがあまりない状況で予測をしようとすると，モデルのパラメータの推定が異なっている可能性も高くなるのです．つまりはビジネスにおける予測には，先ほど説明した（1）予測の対象となる変数自体と，（2）モデル推定の不確実性の2つが入り込んでいることになります．（2）モデル推定の不確実性については，大量にデータを集める，もしくは集まるのを待ってから推定すれば解消できる問題ではありますが，データの収集には時間とコストがかかります．またはせっかくデータを集めても，集め終わった頃にはすでに消費者行動自体が変化してしまったりすることがあります．これらのことを考えると，ビジネスにおける予測とは，上記の意味で非常にシビアだということがわかります．

また予測に関するあいまいな定義も問題になります．例えば製品に関して，「売れる」／「売れない」など二分法で予測する場合がありますが，日々の業務で知りたいのは，「どれくらい売れるか」ということだと思います．しかし，そもそも予測の対象が連続変数の場合，「予測が当たった」というのはどれくらいのことをいうのでしょうか．利益などの連続に近い変数をそもそも1点にピタリと当てるのはよく考えると難しいことです．そこで少し発想を変えて，ピタリと当てる予測をあきらめ，範囲や確率など現実的な路線を考える方が，ビジネスにおいては重要といえるでしょう．具体的には昨日までの売上データで，明日の売上げを予測する状況を考えます．通常の予測というと，「100個売れる」など1点を決めることが考えられます．しかし1点に決めるより，ある確度にもとづいて「90〜110個」など範囲を決めることや，「100個以上売れる確率」など，より柔軟に予測をする方が，現実的にビジネス上で本当に役立

1）統計モデルでは，重回帰モデルなどに使われる説明変数を，予測に使う変数として**予測変数**（predictor）と呼ぶことがあります．この章における「予測の対象となる変数」はこの意味ではないことに注意してください．

つのではないでしょうか．つまりはピタリと完璧な予測はあきらめ，不確実性とうまく付き合えるような予測を考えるべきかもしれません．

さてこれらの不確実性を考えるとき，どのような方法が有効でしょうか．その具体的な方法として，伝統的な統計モデルや，近年話題の機械学習も考えられるかもしれません．予測に利用するモデルには，冒頭に述べたARMAモデルや重回帰モデルでも適切なものを利用すればよいと思いますが，推定の際には，これらの不確実性を考えるときには，従来の統計学の推定法ではなく，ベイズ統計学のフレームワークを利用するとよいかもしれません．ベイズ統計学のアウトプットは何だったでしょうか．それは事後分布と呼ばれる推定パラメータの確率分布でした．これは推定パラメータの不確実性を表しています．これを利用してさらに次のデータの予測をすれば，(1) 予測の対象となる変数自体の不確実性と，(2) モデル推定の不確実性を同時に考慮することができます．その不確実性は事後分布と同様，分布の表現になっているのですが，それを**予測分布**と呼びます．この予測分布を使って，様々な現象の不確実性を理解することができます．パラメータを確率分布で表現しない伝統的な統計学や，決定論的な機械学習の手法では，2つの不確実性を同時に理解するのは難しく，この予測分布を使って不確実性を理解することはベイズ統計学の非常に大きなアドバンテージといえるでしょう．

なぜ予測分布のように確率的に考えることが重要なのでしょうか．ビジネスの現場では，意思決定の容易性から決定論的，すなわち値を一意に決めるスタイルの予測がされることが多いと思います．例えば，「次期の利益は10億円だ」とか，「製品の売上量が10万個を超える」といった予想です．一方，確率的な予測とは「次期の利益は，95%の確度で8億～12億円の間」とか「10万個を超える確率は91%」といった具合です．前者のようなある確度にもとづいた区間をベイズ統計学では**信用区間**といいます．これらの考え方はリスク管理面からも重要です．例えば，明日の天気を予想するときに，雨が降らないか降るかの一方と予測するのが，決定論的な予測です．一方，明日の降水確率は10%，40%などとするのは確率的な予測です．10%の時には傘を持つ人は少ないと思いますが，40%だと雨が降るリスクに備えて，傘を持っていく人が多くなるかもしれません．結局は傘を持っていく，持っていかないのいずれかの判断をしなくてはなりませんが，確率に応じて折りたたみ傘か大きい傘のどちらがよいかなど柔軟にリスクに備えることができます．同様にビジネスでも，代表値は同一でも，利益の確度が95%で「1億～3億円」,「−1億～6億円」とした場合に，ビジネスのアクションを変更する必要や，予測に利用するデータのさらなる精査を考える必要があると考えられます．

5.2　予測分布とは

次に予測分布とは何かを説明します．予測分布には正確には，データを得る前の**事前予測分布**と，データを得た後の**事後予測分布**があります．この章では，後者の事後予測分布について，単に予測分布と呼んで説明をします．予測分布とは，大雑把に説明すると「今持っているデータから，次のデータを予測した際の確率分布」です．それを $f(y_{new}|Data)$ と表します．これを使えば，今あるデータにもとづいて,「95%の信用度で明日の売上げのとる範囲が90～100」や「100個以上売れる可能性が70%」など確率を使って定量的に不確実性を把握することができます．予測分布の計算には，パラメータの事後分布を利用します．具体的には，次のような式で表現されます．

$$f(y_{new}|Data)=\int f(y_{new}|\theta)f(\theta|Data)d\theta \tag{5.1}$$

積分の記号が入るので難しく感じるかもしれませんが，右辺の積分の計算の意味は，すべての場合の θ の不確実性を考慮した y_{new} の出現度合い，もしくはデータを発生させるある確率モデル $f(y|\theta)$ に関して，事後分布であるウェイト $f(\theta|Data)$ を掛けて，足し合わせている（積分している）イメージです．事後分布は，パラメータ θ に関する確率分布でした．これが $\theta=0$ の場合の新しいデータ y_{new} の発生確率，$\theta=1$ の場合の新しいデータ y_{new} の発生確率，$\theta=2$ の場合の新しいデータ y_{new} の発生確率など様々な可能性が考えられます．つまりはパラメータ θ の出現確率を考慮して次の予測を行っていると考えられます．

統計学のユーザーの方は，こんな積分を使わず，例えば代表値として事後平均 $\hat{\theta}$ を使って，$f(y_{new}|\hat{\theta})$ を予測分布に利用すればよいと思うかもしれません[2]．しかしこれは θ の推測におけるバラツキ，すなわち不確実性を考慮して

2)　事後平均を代入する場合は，**平均プラグイン推測**と呼ばれることがあります．

いないことになります．つまりは実際より狭い不確実性の範囲の予測になってしまいます．

図5.1はθを分布の中心パラメータとしてそのイメージを示したものです．$f(y_{new}|\hat{\theta})$は1点の値$\hat{\theta}$に固定しているので，事後分布$f(\theta|Data)$を持つ確率的なθを考慮した$f(y_{new}|Data)$より分散が小さく裾が狭くなっています[3)]．すなわち予測の不確実性を過少に見積もっていることになります．

それでは，どのようにこの予測分布を計算すればよいのでしょうか．一般的には多重積分の計算が入るので，通常の方法では計算ができない場合があります．そこで事後分布と同様にシミュレーションによる方法が実用的です．予測分布のシミュレーションには，ギブス・サンプリングと同様に次のステップで新しいデータy_{new}を発生させることで計算することができます．

Step 1：　事後分布$f(\theta|Data)$からパラメータθを発生させる
Step 2：　確率モデル$f(y_{new}|\theta)$から新しいデータy_{new}を発生させる

このステップを何回も繰り返すことで，予測分布のシミュレーションを行うことができます．MCMC法を利用する場合には事後分布の計算の途中で，または事後的にStep 2を混ぜれば計算が可能です．こうして発生させた新しいデータy_{new}について，範囲を計算するなどして予測に活用することが可能です．

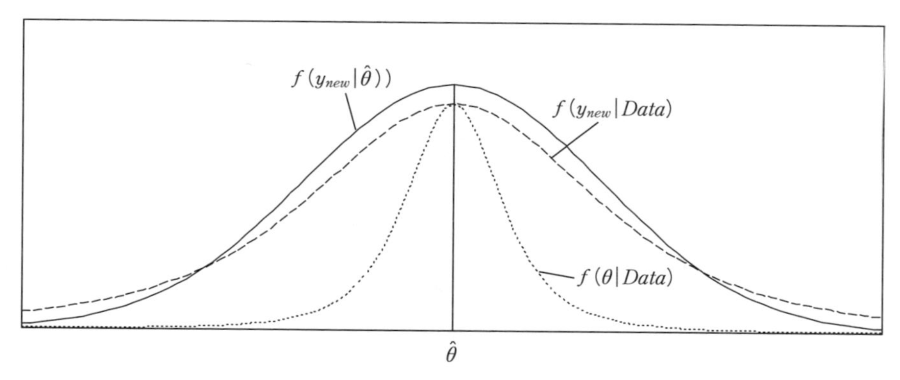

図5.1　予測分布$f(y_{new}|Data)$と代表値$\hat{\theta}$を代入した確率分布$f(y_{new}|\hat{\theta})$の比較

3)　図5.1の$f(\theta|Data)$の確率密度，すなわち高さは表示の都合上，実際の値より調整しています．

また仮説検定と同様に，1点に決める予測ができないわけではありません．人に説明する場合など分かりやすさから，どうしても予測値を代表値など1点に決めたい場合もあると思います．その場合は，例えば連続型の変数の場合に y_{new} の期待値（乱数の算術平均）をとることが考えられます．

事後分布までの推論が，過去・現在の推論に対して，予測分布は未来の推論といえます．予測という極めて実務的な部分に加えて，もう1つこの章で予測分布を強調する意味を述べましょう．伝統的な統計学の主な利用法は，データからパラメータの推定を行い，検定などを通じてパラメータに対して丁寧に解釈をしていくというスタイルが，学術論文を中心に定着していました．しかし本当に実務的に興味がある部分は，平均や分散などの「パラメータの推定」に関してなのでしょうか．もちろん前章で紹介したように仮説の検定を通じてパラメータによる消費者行動やビジネス活動への解釈を深めるということも重要です．しかし実際に興味のある対象はパラメータの解釈より，新しいデータの出方の場合もあるのではないでしょうか．消費者の購買金額の分布に興味を考えた時，その平均や分散のパラメータより，次の消費者の購買金額の出方に関心を持つのがこの主張です．

それでは，次に具体的に予測分布の計算例を示していきたいと思います．なお次からの例示は，仮定をおいて話を単純化しています．一般化するには大量のデータと複雑な式が必要になりますが，ここでは予測分布の計算例と活用イメージの理解に重点を置いています．

5.3　ラーメン屋の利益の計算

最初に次のようなストーリーを考えます．T君はラーメン屋で，1杯500円のラーメンを1種類だけ売っています．売上げも安定してきており，T君は5日間の売上量の記録をとってみました．またラーメン1杯あたりの費用は，新鮮な材料を使っているため毎日仕入値が異なり，大体250円前後なのですが，少し変動します．固定費は考えないとして，これらのデータを使って利益の予測を立ててみます．ここで重要なのは，不確実な要素，すなわち確率変数は，売上量 x_i と1杯あたりの費用 z_i の2つです．それを5日分記録してみたら表5.1のようになりました．

表 5.1　5日間の売上げと費用

	1日目	2日目	3日目	4日目	5日目
売上量（杯）	94	84	108	101	103
費用／杯（円）	244	257	242	246	251
利益（円）	24064	20412	27864	25654	25647

この表だけ見て勘のいい人だと，売上量の算術平均 $\bar{x}$ は 98 杯で，1 杯あたりの費用の算術平均 $\bar{z}$ は 248 円だから，1 日の利益は $(500-248)\times 98$=24696 円くらいと考えることができるかもしれません．しかし明日の利益の範囲を確度をもって計算するのは難しいと思います．それをベイズ統計学における予測分布を使って考えてみたいと思います．

まずモデルの設定を考えてみます．ここではマーケティングモデルとしてもよく使われる初等的な確率モデルを使ってみます．売上量は離散変数でポアソン分布 $pois(a)$，1 杯あたりの費用は正規分布 $N(m, s^2)$ とします．ここでは自己相関はなく[4)]，売上量と費用は独立だと仮定します．まずは各々のパラメータの事後分布を導出します．パラメータの事前分布として自然共役分布を利用し，a はガンマ分布 $Gamma(g, h)$，m は正規分布 $N(m_0, s^2/b)$，s^2 は尺度化逆カイ二乗分布 $\chi_v^{-2}(vs_0^2)$ とします．サンプル・サイズである日数を n とします．すると事後分布は，詳しい計算は載せませんが，データの統計量を使ってポアソン分布のパラメータである a はガンマ分布 $Gamma(n\bar{x}+g, n+h)$，正規分布のパラメータである m は正規分布 $N\left(\dfrac{n\bar{z}+bm_0}{n+b}, \dfrac{s^2}{n+v}\right)$，$s^2$ は尺度化逆カイ二乗分布 $\chi_{v+n}^{-2}\left((v+n)\left(s_0^2+\sum_{i=1}^{n}(z_i-\bar{z})^2+\dfrac{(m_0-\bar{z})^2}{n^{-1}+b^{-1}}\right)\right)$ となります（$\bar{x}$ と $\bar{z}$ は売上量と費用の算術平均）．この事後分布からパラメータの乱数を発生させて，それをポアソン分布と正規分布から乱数を発生させると，予測分布のシミュレーションができます．さらに各々の r 回目に発生させた乱数を使って，予測の対象となる利益 $profit$ の計算を次のように行います．

$$profit^{(r)}=(500-z^{(r)})\times x^{(r)} \tag{5.2}$$

4)　今日の売上量が多いと，明日の売上量が多いといったような連続的な傾向はないということです．

先ほどの手順に少しアレンジをして計算します．これを何回も繰り返して乱数を採取して，予測分布からの推論を行います．具体的な手順は次のようになります．

Step 1：　事後分布からパラメータ $a^{(r)}, m^{(r)}, s^{2(r)}$ を発生させる
Step 2-1：　売上量の新しいデータ $x^{(r)}$ とコストの新しいデータ $z^{(r)}$ を発生させる
Step 2-2：　$profit^{(r)} = (500 - z^{(r)}) \times x^{(r)}$ を計算する
Step 1 に戻る

実際に R でやってみましょう．まずはデータを直接入力して，事前分布のハイパーパラメータの設定を行います．

```
### データの入力
x <- c(94,84,108,101,103)# 売上量
z <- c(244,257,242,246,251)# 費用/杯
n <- length(x)# サンプル・サイズ

### 事前分布のハイパーパラメータ
# ポアソン分布の事前分布
g <- 0.001;h <- 0.001# ガンマ分布
# 正規分布の事前分布
m0 <- 250;b <- 0.001# 正規分布
v <- 0.001;s0 <- 3# 逆カイ二乗分布
```

次に予測分布のシミュレーションを行います．今回は 10 万回の乱数をシミュレーションで使います．

```
# 乱数の発生回数
R <- 100000

### 事後分布からパラメータの乱数発生
#a の事後分布から乱数発生
a <- rgamma(R,sum(x)+g,n+h)# ガンマ分布から乱数発生
#s2 の事後分布から乱数発生
v1 <- n+v
s1 <- s0+crossprod(z-mean(z))+(m0-mean(z))^2/(1/n+1/b)
s2 <- 1/rgamma(R,v1/2,s1/2)# 逆カイ二乗分布（ガンマ分布を利用）から乱数発生
#m の事後分布から乱数発生
m_hat <- (b*m0+sum(z))/(n+b)# 事後平均の計算
m <- rnorm(R,m_hat,sqrt(s2/(n+b)))# 正規分布から乱数発生
```

```
### 予測分布のシミュレーション
x_new <- rpois(R,a)#x の予測分布から乱数発生
z_new <- rnorm(R,m,sqrt(s2)) #z の予測分布から乱数発生
profit_new <- x_new*(500-z_new)# 利益の予測分布の計算

# 利益の予測分布のプロット
plot(density(profit_new),xlab=" 利益 ",ylab=" 事後確率密度 ",
     main=" 利益の予測分布 ")
```

そして予測分布から発生させた利益の乱数をもとに，推論を行います．利益は図5.2のような事後分布になります．25000円のあたりの部分がピークで山型になっていることが分かります．平均的には25000円あたりだという理解は当たっていますが，20000円を下回る可能性や，30000円を超える可能性もあることがわかります．それは平均の演算を組み合わせるだけでは，見えてこないことです．そしてこれを使えば将来の推論の役に立ちます．例えば，次のような疑問に答えることができます．

- 95%信用区間はどこからどこまでか
- 利益が3万円を上回る確率はどれくらいか
- 利益が2万円を2日連続で下回る確率はどれくらいか

これらをRで計算してみます．

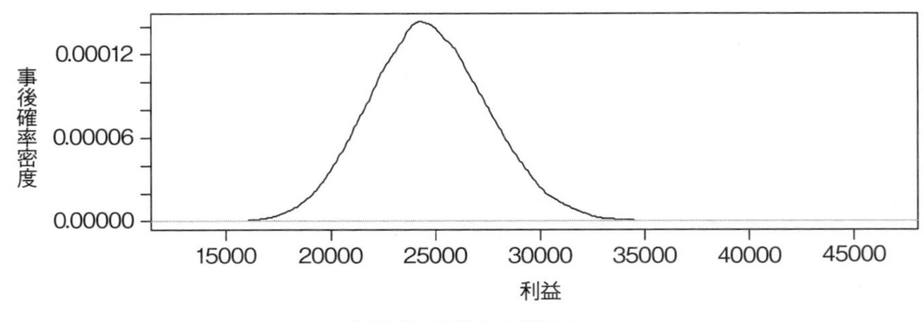

図5.2　利益の予測分布

```
#95% 信用区間はどこからどこまでか
quantile(profit_new,c(0.025,0.975))
# 利益が 3 万円を上回る確率はどれくらいか
mean(profit_new>30000)
# 利益が 2 万円を 2 日連続で下回る確率はどれくらいか
# 再度計算乱数で利益の予測分布をシミュレーション
a1 <- rgamma(R,sum(x)+g,n+h)
s21 <- 1/rgamma(R,v1/2,s1/2);m1 <- rnorm(R,m_hat,sqrt(s21/(n+b)))
x_new1 <- rpois(R,a1);z_new1 <- rnorm(R,m,sqrt(s21))
profit_new1 <- x_new1*(500-z_new1)
mean(profit_new<20000&profit_new1<20000)
```

結果は，乱数によるものなので少しぶれるかもしれませんが，95%信用区間を計算すると［19343 円　30454 円］です．利益が 3 万円を上回る確率は 3.4%です．利益が 2 万円を 2 日連続で下回る確率は 0.2%程度です．これらをシミュレーションで分析することができます．

さらにここで表現したのは，離散型であるポアソン分布と連続型である正規分布の 2 つを組み合わせて分析を行っています．これは従来の統計学では難しい分析です．ベイズ統計学の場合，シミュレーションを使えば簡単に離散型と連続型の変数を組み合わせた分析も可能になります．

ここでは予測分布の例示のためになるべく単純なモデルを考えましたが，様々に拡張のポイントがあります．(1) 売上量や費用を，自己相関のあるような時系列モデルを使う．土日の売上げは大きくなるので休日ダミーを入れる．(2) マーケティング変数を増やす．メニューを増やした場合や価格を変化させた場合を考える．(3) 在庫切れや売れ残りなどの不確実性や制約を考慮する．(4) その他の変動要因，例えば天気や気温などの説明変数を入れて予測を行うなどが考えられます．

5.4 クーポン付きダイレクトメールの割引率

次にこれをクーポン付きのダイレクトメールの実験に応用してみます．ここでは次のようなデータに応じた課題をシナリオ形式で説明します．ある販売店で来店率と来店した際の購買金額を上げようと，休眠顧客にクーポンをダイレクトメールで送付しようとしました．その内容は期間中に買い物をすると，総計金額から割り引いてくれるというクーポンでした．3万人もの人にダイレクトメールを送るので，事前に試験的に，その割引率を変えて反応を見るため，ランダムに選んだ1200人に送ることにしました．割引率は3%，5%，7%，10%と4段階に変え，各割引率のダイレクトメールを300人ずつに送ることにしました．

その試験的調査の結果，各割引率に応じて，来店したか否か，また来店した場合にどれくらいの金額を使ったかのデータを得ることができました（表5.2）．この結果から，購買金額の算述平均は，どの割引率の場合でも大きく変わらず，割引率分損になるため，クーポンの割引率は3%にすることになりました．しかし割引率を上げると，期間中の来店率が上がるということが明らかであり，もう少しこの結果を精査することになりました．また，来店者ごとに購買商品アイテムが異なり原価率が異なるため，利益額も精査することにしました．

ここでの課題は，4種類の割引率のうち，どれを選択するかという問題です．それぞれの割引率について，利益額の予測分布を計算して比較してみます．最初にモデルの設定を考えます．割引率のグループ j の来店率の尤度関数には二項分布 $Binomial(p_j, 300)$ を利用します．ここでは4つの割引率で異なると仮定します．グループ j の来店者 i の購買金額 mv_{ij} の分布は**対数正規分布** $Lognormal(m_{1j}, s_{1j}^2)$ に従うと仮定します．対数正規分布は，対数変換をすると正規分布に従う確率分布で，収入のモデル分布や金融モデルによく使われる分布です．つまり，$\log mv_{ij} \sim N(m_{1j}, s_{1j}^2)$ となります．また購買金額に対する原価率 cr_{ij} がデータとして与えられています．この原価率も利益を予測する際の不確実性になるので，確率モデルとして考えることにします．原価率の分布

表5.2　試験的結果の記述統計量

割引率	DM送付人数	来店人数	来店率	購買金額（円）		原価率	
				平均	標準偏差	平均	標準偏差
3%	300	24	8%	4707	2017	0.66	0.05
5%	300	42	14%	5025	2493	0.66	0.05
7%	300	44	15%	5529	2668	0.67	0.05
10%	300	48	16%	5453	2466	0.69	0.05

として，正の範囲をとる対数正規分布 $Lognormal(m_{2j}, s_{2j}^2)$ を使うことにします．相関構造を考えるために，mv_{ij} と cr_{ij} をあわせてベクトル化します．

$$\boldsymbol{z}_{ij}=\begin{pmatrix}\log\ mv_{ij}\\ \log\ cr_{ij}\end{pmatrix},\quad \boldsymbol{m}_j=\begin{pmatrix}m_{1j}\\ m_{2j}\end{pmatrix},\quad \boldsymbol{S}_j=\begin{pmatrix}s_{1j}^2 & s_{12j}\\ s_{12j} & s_{2j}^2\end{pmatrix} \tag{5.3}$$

すると $\boldsymbol{z}_{ij}\sim N_2(\boldsymbol{m}_j, \boldsymbol{S}_j)$ となります．この設定のもとで，4 パターンの粗利益を計算してみます．まず 1 人あたりの（粗）利益を計算してみます．対象者が来店したら 1，しなかったら 0 をとるインディケーターの確率変数を y_{ij} とします．すると次のような式になります．

$$\begin{aligned}&1\text{人あたりの利益}_{ij}\\ &=y_{ij}\times mv_{ij}\times(1-\text{クーポンの割引率}_j-cr_{ij})-\text{DM代}\end{aligned} \tag{5.4}$$

すなわち来店したら，利益は $mv_{ij}\times(1-\text{クーポンの割引率}_j-cr_{ij})-\text{DM代}$，来店しなかったら DM 代の費用のみがかかってしまうことになります．これを予測分布にもとづいて，3 万人の合計を計算してみます．手順としては次のようになります．

Step 1： 事後分布からパラメータ $p_j^{(r)}, \boldsymbol{m}_j^{(r)}, \boldsymbol{S}_j^{(r)}$ を発生させる
Step 2-1： 新しいデータ $y_{ij}^{(r)}, \boldsymbol{z}_{ij}^{(r)}$ を 3 万人分発生させる
Step 2-2： 3 万人の利益の合計を計算する

事前分布には共役分布を利用することにして，p_j の事前分布にはベータ分布 $beta(a, b)$，$\boldsymbol{m}_j$ の事前分布には多変量正規分布 $N_2(\boldsymbol{m}_0, \boldsymbol{S}_j/h)$，$\boldsymbol{S}_j$ の事前分布には逆ウィシャート分布 $IW_2(v, \boldsymbol{V}_0)$ を利用します．ここでは情報の少ない事前分布を利用します．具体的には，p_j の事前分布には $beta(1, 1)$，$\boldsymbol{m}_j$ の条件付き事前分布には $N_2(\boldsymbol{0}, \boldsymbol{S}_j/0.0001)$，$\boldsymbol{S}_j$ の事前分布には逆ウィシャート分布 $IW_2(5, \boldsymbol{I}_2/1000)$ を利用します．p_j の事後分布はベータ分布 $beta(a+\sum_{i=1}^{n_j}y_{ij}, b+n_j-\sum_{i=1}^{n_j}y_{ij})$，$\boldsymbol{m}_j$ の条件付き事後分布は $N_2((h\boldsymbol{m}_0+n_j\bar{\boldsymbol{z}}_j)/(h+n_j), \boldsymbol{S}_j/(h+n_j))$，$\boldsymbol{S}_j$ の事後分布は $\boldsymbol{V}_{1j}=\boldsymbol{V}_0+\sum_{i=1}^{n_j}(\boldsymbol{z}_{ij}-\bar{\boldsymbol{z}}_j)(\boldsymbol{z}_{ij}-\bar{\boldsymbol{z}}_j)'+vn_j(\bar{\boldsymbol{z}}_j-\boldsymbol{m}_0)(\bar{\boldsymbol{z}}_j-\boldsymbol{m}_0)'/(v+n_j)$ として，$IW_2(v+n_j, \boldsymbol{V}_{1j})$ となります．そしてギブス・サンプリングを行って，それぞれの予測分布を計算します．それを R でやってみましょう．そのデータセットは CSV 形式を想定して，Excel で開くと図 5.3 のようになります．

まずはデータの読み込みを行います．

	A	B	C	D
1	num	割引率	購買金額	原価率
2	1	0.03	4961	0.61
3	2	0.03	4482	0.59
4	3	0.03	2476	0.71
5	4	0.03	3642	0.64
6	5	0.03	5695	0.7
7	6	0.03	5972	0.63
8	7	0.03	2686	0.65
9	8	0.03	4098	0.63
10	9	0.03	2179	0.72
11	10	0.03	4323	0.6
12	11	0.03	8526	0.68
13	12	0.03	7172	0.6

図 5.3　クーポンデータ.csv

```
### 作業場所の指定
setwd("xxxxxx")# 下の csv データの置き場所の指定，各自変えてください
# データの読み込み
dat <- read.csv(" クーポンデータ.csv",row.names=1)
# 各割引率の来店人数
n <- table(dat[," 割引率 "])
# クーポンの割引率
dr <- as.numeric(names(n))
# 実験クーポンの数
m <- length(dr)
#DM を出した数
N <- rep(300,m)
```

次に，事前分布のハイパーパラメータの設定をします．先ほど述べたように全割引率グループで同一とします．

```
# 事前分布のハイパーパラメータの設定
# 各割引率グループで同一とする
a <- 1;b <- 1#p_j の事前分布（二項分布）
m0 <- c(0,0)#m の事前分布 1（2 次元正規分布）
h <- 1/10000#m の事前分布 2（2 次元正規分布）
v <- 5#S の事前分布 1（逆ウィシャート分布）
V0 <- diag(1/1000,2)#S の事前分布 2（逆ウィシャート分布）
```

そして予測分布のシミュレーションを行います．ここでは DM 代を 62 円とします．MCMC の回数は各グループで 10000 回とします．この分析の実行には

少し時間がかかるかもしれません.

```
# クーポンを送る人数
N_new <- 30000
#MCMC の回数
R <- 10000
# 各割引率の利益の予測分布
profit <- NULL# 予測分布の乱数を入れるリスト
for(j in 1:m) {# 各割引率グループで繰り返す
  # 割引率が同一のデータの抜き出し
  dat_j <- dat[dat[," 割引率 "]==dr[j],]
  # 対数化した購買金額と原価率
  Z_j <- cbind(log(dat_j[," 購買金額 "]),log(dat_j[," 原価率 "]))

  # 事前の計算
  zj_bar <-colMeans(Z_j)
  V1j <- V0+cov(Z_j)*(n[j]-1)+(h*n[j])*tcrossprod(zj_bar-m0)/(h+n[j])
  m1j <- (n[j]*zj_bar+h*m0)/(n[j]+h)

  # 予測分布のシミュレーション
  profit_j <- double(R)# 乱数を入れるベクトル
  for(r in 1:R) {
    # 事後分布からのサンプリング
    p_j <- rbeta(1,n[j]+1,(N[j]-n[j])+1)# 反応率
    # 購買金額と原価率の分散
    S_j <- solve(rWishart(1,v+n[j],solve(V1j))[,,1])
    # 購買金額と原価率の平均
    m_j <- as.vector(t(chol(S_j/(h+n[j])))%*%rnorm(2)+m1j)
    # 予測分布からのサンプリング
    n_j_new <- rbinom(1,N_new,p_j)# 反応人数
    Z_j_new <- t(t(chol(S_j))%*%matrix(rnorm(n_j_new*2),2,n_j_new)+m_j)
    # 利益の予測分布
    mv_new <- exp(Z_j_new[,1])# 購買金額
    cr_new <- exp(Z_j_new[,2])# 原価率
    profit_j[r] <- sum(mv_new*(1-dr[j]-cr_new))-62*N_new
  }
  profit[[j]] <- profit_j
  cat(" 割引率 ",dr[j]*100,"%\n",sep="")
}
```

予測分布の統計量を計算してみます.

```
# 予測分布の統計量
out <- NULL
for(j in 1:m) {
```

```
out_j <- c(mean(profit[[j]]),sd(profit[[j]]),
           quantile(profit[[j]],probs=c(0.025,0.5,0.975)))
  out <- rbind(out,out_j)
}
colnames(out) <- c("事後平均","標準偏差","2.5%点","中央値","97.5%点")
rownames(out) <- paste(dr*100,"%",sep="")
print(out)
```

その結果をまとめると，表5.3のようになります．これを可視化するために利益の予測分布を描いてみます．すると図5.4のようになります．

表5.3　各割引率の事後分布の統計量

割引率	事後平均	事後標準偏差	2.5%点	中央値	97.5%点
3%	1794470	817798	412937	1721949	3597223
5%	4306386	998613	2520326	4245612	6437805
7%	4678805	1065989	2793469	4606835	6973204
10%	3774393	884147	2208759	3718120	5659689

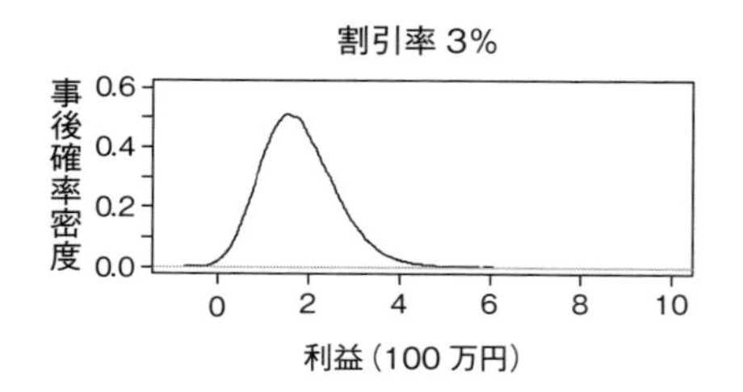

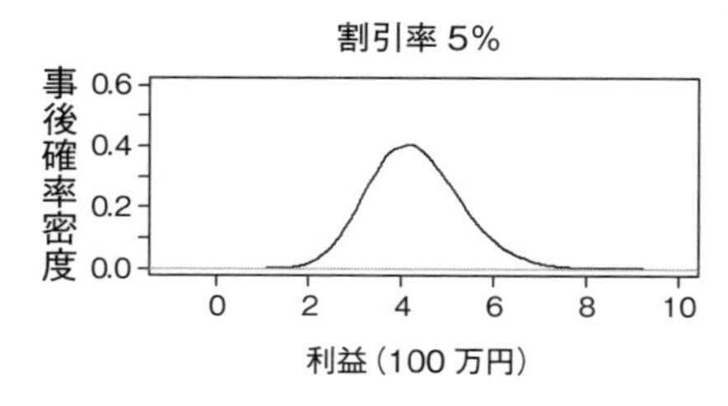

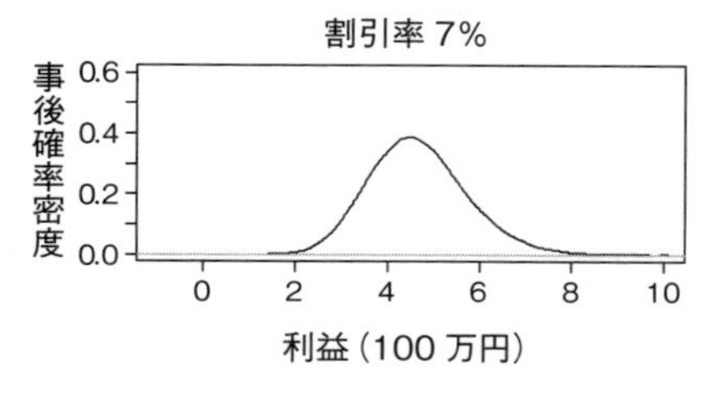

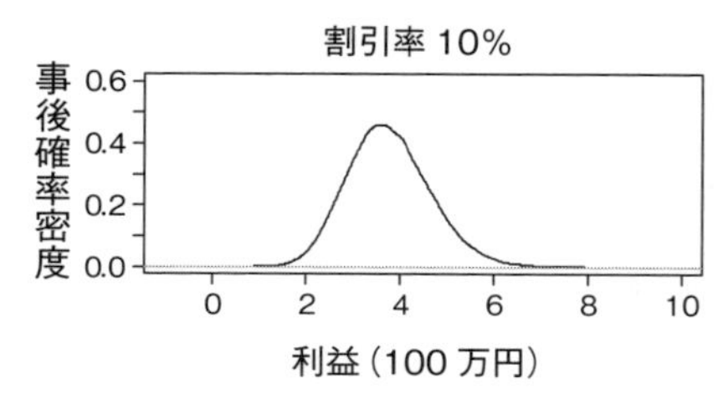

図5.4　各割引率の利益の予測分布

```
# 予測分布のプロット
par(mfrow=c(2,2))#2 × 2 に設定
for(j in 1:m) {
  plot(density((profit[[j]])/1000000),main=paste(" 割引率 ",dr[j]*100,"%",
      sep=""),xlab=" 利益(100 万円)",ylab=" 事後確率密度 ",ylim=c(0,0.6),
      xlim=c(-1,10))
}
```

割引率が3%の場合（図5.4左上），事後平均は179万円ですが，わずかながら0円を下回る，すなわち赤字になる可能性があります．サンプル・サイズが小さい理由もあるかもしれませんが，割引率3%の場合は中途半端なキャンペーンになってしまう可能性があります．5%，7%，10%の場合は，200万円から600万円の幅で利益の予測が立つことが，概算でわかります．事後平均は7%が一番高く，直感的に7%がよいのはわかると思いますが，4つのプランのうち利益が最も大きい確度はどれくらいなのかを，シミュレーションで求めてみます．

```
# 一番利益が大きい確率を計算
Pm <- NULL# 乱数列を行列化してから行で一番大きい回数を数える
for(j in 1:m) Pm <- cbind(Pm,profit[[j]])
table(apply(Pm,1,which.max))/R
```

その結果，利益が一番大きい確率として，割引率が3%の場合は0.3%，割引率が5%の場合は33.3%，割引率が7%の場合は51.5%，割引率が10%の場合は14.9%となりました．割引率が5%と7%は悩むところであり，時間と費用があれば追加調査をしたいところですが，今回は暫定的な結論を信じて，最終的にこのキャンペーンでは割引率7%と設定することにしました[5]．

さてここでは，キャンペーンの意思決定にベイズ的な予測分布の考え方を応用してみました．単に来店人数の推定値や購買金額の平均値を使った従来の推計より，サンプル・サイズに応じた不確実性の考慮をしつつ予測範囲を計算できることや，比較の際にその確度を計算できることにアドバンテージがあります．この例では単純な仮定を置きましたが，クーポンの割引適応金額を1000

5） この例では，サンプル・サイズの大きさも分布の幅を決める要因であり，結果に影響しています．

円以上にする場合や，原価のデータがない場合もあるかもしれません．また伝統的なダイレクト・マーケティングでは，対象者の属性の情報がある場合は，その情報を利用してターゲットすることもあるかもしれませんが，それらの拡張を考慮すればより実務的なモデルが作れると思います．

ここでは，予測分布に絞ってベイズ統計モデルの例を示しました．冒頭で，予測には，変数そのものと推定の2つの不確実性があるといいました．しかし正確にいうと実際には，もう1つ予測に関する不確実性があります．この例では，初等的な統計学の分布，二項分布，ポアソン分布，正規分布を使ってモデリングしました．この選択に関しては，「よく使われるもの」という理由で利用しました．しかし厳密にいうとそれが正しいかには不確実性があります．データがたくさんあれば，複雑な分布（例えば混合分布や相関構造のある分布）などを使って，より近似できるかもしれませんが，データが少ない状況では，事前分布の設定も含めて分析者に依存する部分があります．逆にいえば，これらの状況で適切なモデルを利用することは分析者の腕の見せどころといえるでしょう．

この章では，ベイズ統計学における予測分布にスポットを当てて，その応用を述べてきました．予測分布自体はベイズ統計学のモデルにおいては一貫して利用できる理論ですが，ここで述べた例は従来から行われてきた統計学の視点とは異なるかもしれません．現在の統計学モデルは，分解，分類，比較に代表される「分析（analysis)」を主な目的としていました．例えば，重回帰モデルにおける偏回帰係数の解釈，因子分析による因子抽出，クラスター分析によるセグメンテーションや分散分析によるグループの比較がこれにあたります．しかし実際のビジネスにおいては，データを分析することに加えて，様々な要素を組み合わせて今後のビジネス戦略を練る必要があります．そういった点において，今後のビジネスでは，データの利用について「綜合（synthesis)」の視点も重要になるでしょう．異なる戦略を組み合わせた場合や，段階的に戦略を組み合わせるとどうなるのかなどといったストーリーを創造するといった視点です．例えばバーでカクテルを飲んで，どんなお酒が使われているか，その組み合わせがマッチしているかを批評するのが分析的な視点です．一方，あるお酒とジュースを組み合わせてお客さんが喜んでくれるか，どういうシチュエーションがマッチするかを考えることが綜合的な視点です.

ビジネスパーソンは，単なる批評家でなく，同時に提案者でなくてはいけません．もちろん優れたカクテルを作るには，分析の視点も重要ですが，ビジネスの戦略からすれば綜合の視点がもっと必要なのではないでしょうか．この章の例では，要素間の相互作用を表現しきれたとはいえません．しかし，今後データを扱う現場においては，積極的に未来の推論を行うことができ，複数のデータソース（例えば，行動履歴データと実験データなど）と不確実性を組み合わせることができる予測分布を使いこなす必要があるかもしれません．これらのことは点推定が主な手法で，不確実性を組み合わせることが難しい伝統的な統計学の方法では表現できません．したがって今後は予測分布を利用できるベイズ統計学が重要になるでしょう.

◆多重共線性とベイズ統計学◆

マーケティングモデルでは，線形回帰モデルやロジスティック回帰モデルなどが多く利用されます．その際に相関の高い複数の説明変数を投入すると，多重共線性と呼ばれる問題を引き起こすことがあります．多重共線性を引き起こすと，推定する偏回帰係数のブレ具合（分散）が大きくなります．その結果，絶対値が非常に大きくなりやすくなり，モデルを解釈する際や予測をする際に不都合を起こすことがあります.

理由としては説明変数間の相関が高いと，データからどちらの影響度が基準変数に対して大きいかは判別できなくなるからです．アナロジーとして，体重を減らすために運動と食事療法を同時に始めて，1カ月後に実際に3 kg 痩せたとしましょう．しかしそれが運動のおかげなのか，食事療法のおかげなのかはわかりません．もしかするとどちらかは効果がなかった可能性もあるし，一方は逆に10 kg 体重を増加させる効果があり，もう一方は13 kg 体重を減少させる効果があったとしても辻褄は合います．同時に原因（＝説明変数）が連動してしまうと（相関が高い），その結果（＝基準変数）に対する効果（＝偏回帰係数）の推定は難しくなります．この問題に対して，ベイズ統計学では，事前分布に制約的な情報を入れることで，その問題に対処することができます．標準的な線形回帰モデルで，概念的に説明をすると，事後分布において通常の条件下で，

(a) 推定用データと回帰モデルの乖離度（差の二乗和）
　＋(b) 偏回帰係数の二乗和×ウェイト

を小さくするような偏回帰係数の値が，事後分布の頂点に近い部分に確率的に

高くなります．(a) はデータの部分で尤度関数の情報に相当する部分で，(b) の事前分布の情報に対応する部分です．もし偏回帰係数の値が大きくなってしまったら，(b) は大きくなります．すなわち (a) と (b) のうち，(b) のウェイトを大きくすることで偏回帰係数の値を抑制することが可能です．これは機械学習において，正則化と呼ばれる手法と一致します．とくに (b) が上記のように二乗和の場合はリッジ回帰と呼ばれます．近年では二乗和ではなく絶対値の和を利用するLASSO（ラッソ）回帰も多く使われます．

(b) のウェイトの決め方は，例えばデータを分割して，一部を推定用データ，残りを検証用データにして，検証用データのフィッティングをみて決めるなどが考えられます．これをクロスバリデーション（交差妥当化）といいます．また (b) のウェイトを高くした場合は，推定した偏回帰係数をあまり深く解釈しない方がよく，あくまでも統計的予測のための手法と割り切った方がよいかもしれません．

状態空間モデルによる時系列分析

時間軸に沿って古いものから順に並べたデータのことを，**時系列データ**といいます．ビジネスデータ解析の現場には，時系列データが頻繁に登場します．例えば商品の売上げの推移は，ビジネスで扱う典型的な時系列データです．時系列データの推移に影響する要因を特定してビジネスの活動計画に反映することは，ビジネスデータ分析の重要な課題です．

時系列データのモデリングに近年よく利用されるようになったのが**状態空間モデル**です．状態空間モデルは様々な時系列モデルを包含するモデルで，分析者の仮説を柔軟に取り入れて分析することができます．本章では，ベイズ統計学の実践事例として状態空間モデルを取り上げます．時系列分析を学ぶ際の最初のボトルネックになる「なぜ時系列モデルが必要なのか分からない」という疑問に答えることから始めて，状態空間モデルの理論と分析事例を順に紹介していきたいと思います．

6.1 時系列モデルと時系列ではないモデル

時系列データと時系列ではないデータでは，モデリングの考え方が異なります．この節では，時系列データのモデリングの考え方を，時系列ではないデータのモデリングと比較しながら解説します．

■時系列データと時系列ではないデータ

時系列データと時系列ではないデータを並べたのが図 6.1 です．左側の時系列データの各行はデータの各時点を表していて，ある商品の世帯 GRP[1)] と購

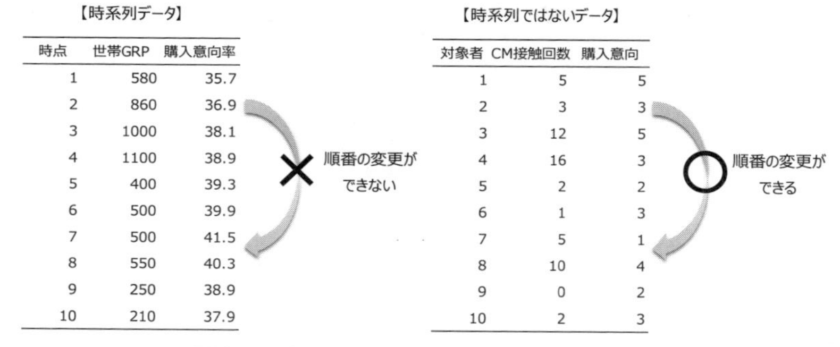

【時系列データ】

時点	世帯GRP	購入意向率
1	580	35.7
2	860	36.9
3	1000	38.1
4	1100	38.9
5	400	39.3
6	500	39.9
7	500	41.5
8	550	40.3
9	250	38.9
10	210	37.9

【時系列ではないデータ】

対象者	CM接触回数	購入意向
1	5	5
2	3	3
3	12	5
4	16	3
5	2	2
6	1	3
7	5	1
8	10	4
9	0	2
10	2	3

図 6.1　時系列データと時系列ではないデータ

入意向率が並んでいます．一方，右側の時系列ではないデータは，対象者ごとのCM接触回数と5段階の購入意向のデータになっています．

時系列データと時系列ではないデータの本質的な違いは何でしょうか？ 時系列データと時系列ではないデータの最も大きな違いは，データの順番に意味があるかどうかということです．時系列データの各時点はそれ以前の時点と何らかの関係を持っていることがふつうです．そしてその関係性は時点間隔の大きさによって変わります．例えば1時点前との関係と2時点前との関係では，その関係性が異なるということです．したがって，時系列データはデータの順番に意味があるので，順番を適当に並び替えて分析することができません．一方，時系列ではないデータはデータの順番に意味がなく，データを適当に並べ替えて分析しても何の違いもありません．

■　時系列データの並び順を無視してモデル化する

時系列データの並び順には意味があるということは当たり前のように聞こえますが，実際のビジネス現場では並び順を無視した分析をよく見かけます．そこで図6.1の左側の時系列データを，並び順を無視して分析してみましょう．明らかにしたいことはCMの出稿量（世帯GRP）が購入意向率の水準にどのくらい影響しているかということです．

世帯GRPと購入意向率の関係を確認するために，この2つの変数を散布図

1)　世帯GRPはCMの延べ視聴率のことです．例えば，図6.1の左側の時点10にある210という数字は，時点9から時点10までのCMの延べ視聴率が210%だったことを表しています．

にプロットしたのが図 6.2 です．この散布図は世帯 GRP と購入意向率の対応関係のみの情報で描写していて，時系列データの並び順の情報は使っていません．時系列データの順番を適当に並び替えても同じ散布図が描けます．図中の回帰直線は，回帰直線と各時点のプロットの差（＝残差）の二乗の合計が最も小さくなるように推定した単回帰モデルの予測値で，モデル式は以下になります[2)]．

$$購入意向率 = c + bGRP = 39.4 - 0.0011GRP \tag{6.1}$$

この単回帰モデルのパラメータは c と b ですが，それぞれ 39.4，−0.0011 と推定されました．この式の意味は CM を出稿しなければ購入意向率は 39.4% になり，CM を 1GRP 増やすごとにそれが 0.0011% ずつ下がっていくということです．CM を出稿すると購入意向率が下がるという納得しがたい結論になりました．

この分析の何が問題なのでしょうか？ それを確認するために，単回帰モデルの予測値（図 6.2 の回帰直線）と各時点の残差をグラフ化してみましょう（図 6.3）．なぜ残差を確認するのかというと，残差は実際の値とモデルの予測値のズレであり，残差を確認することでモデルのどこが問題なのかを検討でき

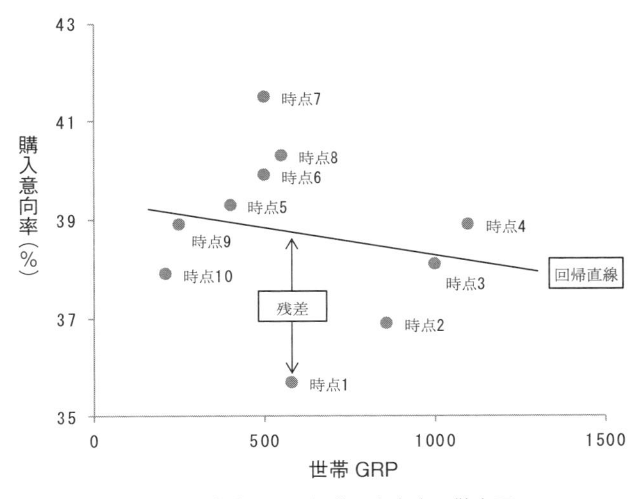

図 6.2 世帯 GRP と購入意向率の散布図

2）このような推定方法を最小二乗法といいます．

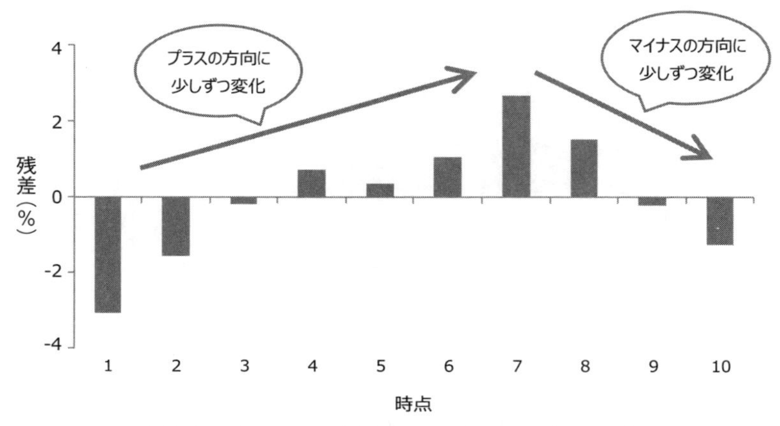

図 6.3　データの順番を無視した単回帰モデルの残差

るからです．図6.3の残差を見ると，時点1から時点7にかけてプラスの方向に少しずつ変化し，時点8以降はマイナスの方向に少しずつ変化していきます．これが何を意味するのかというと，実際のデータは「前の時点の値に依存して少しずつ変化する傾向」があるけれど，データの順番を無視した単回帰分析ではそれがうまく表現できず，実際のデータの「前の時点の値に依存して少しずつ変化する傾向」が残差に残ってしまったということです．もしこの傾向をうまくモデルで表現できれば，図6.3の各時点の残差は前の時点の残差に依存しなくなり，少しずつ上昇したり下降したりする傾向が見られなくなります．見かけ上はプラスの値とマイナスの値がランダムに出現するということです．

■時系列データの並び順を加味してモデル化する

時系列データの並び順を無視した分析では，「前の時点に依存して少しずつ変化する傾向」をうまく表現できていないことが分かりました．そこでこの傾向をモデルで表現することを考えてみましょう．

前の時点に依存することを表現する最も単純な方法は，1時点前との差をとることです．前の時点に依存するのだから，現時点の値から前の時点の値を引き算して，前の時点の影響を取り除いてしまおうということです．式で表すと以下の単回帰式になります．

$$購入意向率_t - 購入意向率_{t-1} = c + bGRP_t \qquad (6.2)$$

添字の t と $t-1$ は，時系列データの t 時点，その1時点前の $t-1$ 時点ということを表しています．この式では t 時点とその1時点前の差をモデル化しているため，時系列データを並び替えて分析することはできません．

1時点前との差分をとることでパラメータの解釈が変わることにも注意が必要です．もともとの（6.1）式における世帯GRPのパラメータ b は，購入意向率の水準そのものに対する世帯GRPの貢献を表していました．一方，（6.2）式における世帯GRPのパラメータ b は，1時点前からの購入意向率の変化に対する世帯GRPの貢献を表しています．

（6.2）式のパラメータを最小二乗法で推定すると，

$$購入意向率_t - 購入意向率_{t-1} = -1.1 + 0.0023GRP_t$$

となりました．世帯GRPのパラメータ b は0.0023なので，1000GRPのCM出稿は購入意向率を2.3%上昇させることになります．また，CMを出稿しない場合には，購入意向率は1時点前の購入意向率から1.1%低下すると予測されます．

図6.4がこの単回帰モデルの予測値と実際の購入意向率の残差をグラフ化したものです．この図を見ると，図6.3で見られた少しずつ上昇する傾向や下降する傾向がほとんどなくなっていることが分かります．目的変数を購入意向率の1時点前との差分にしたことで，「前の時点に引きずられて少しずつ変化す

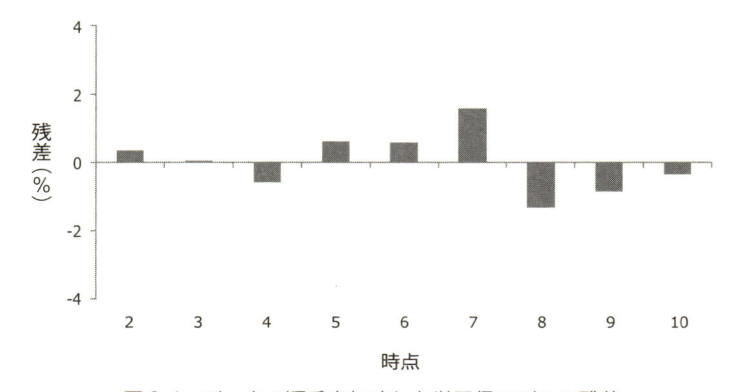

図6.4　データの順番を加味した単回帰モデルの残差

る傾向」がうまく表現できたということです.

■ 時系列モデルとは

結局，時系列モデルとは何かというと，時系列の時点間の関係をうまくモデルで表現して，関心のある変数間（今の例では世帯 GRP と購入意向率）の正しい関係を解明するということです．もし各時点の残差間に関係が残っているようであれば，それをモデルに取り込む必要があります[3)]．各時点の残差間に関係が残っているモデルは，各時点間の関係をうまく表現できていない正しくないモデルということになり，(6.1) 式のような誤った解釈を導くことにつながるからです．正しいモデルに近づくためには，時系列データをグラフ化して時点間の関係について仮説を立て，時点間の関係を含む時系列モデルを作成し，各時点の残差間に顕著な関係が残っていないかを確認する，という作業を繰り返す必要があります.

6.2 状態空間モデルで時点間の関係を表現する

(6.2) 式では1時点前との差を目的変数にすることで，時点間の関係を表現することを試みました．しかし，1時点前との差をとるだけで時点間の関係がうまく表現できるとは限りません．状態空間モデルでは，様々な時点間の関係をモデルの中で表現し，モデルの良し悪しを比較しながらよりよいモデルを探索することが可能です．この節では，状態空間モデルにおける時点間の関係の表現とパラメータの推定方法について解説します.

■ 1時点前の値に依存して少しずつ変化することを表現する

1時点前の値に依存して変化する変数を m_t とすると，1時点前の値に依存して変化する時系列モデルは以下の式で表現されます.

$$y_t = m_t + e_t, \qquad e_t \sim N(0, \sigma_e^2) \tag{6.3}$$

---

3)　各時点の残差間に関係が残っている状態というのは，各時点の残差間に相関（＝自己相関）があったり，残差の分散が時点の進行とともに変化する（＝不均一分散）状態のことです．1時点前と高い正の自己相関がある場合には，図6.3のように残差の値が1時点前の値に依存して少しずつ変化します．自己相関や不均一分散を確認する方法，それらがもたらすパラメータ推定上の不具合は，蓑谷千凰彦（2006）『計量経済学 第2版』多賀出版に詳しく解説されています.

e_t は正規分布に従うモデルの残差で，y_t のうち m_t だけでは説明できない部分を表しています．

次に，m_t が1時点前の値に依存することを明示するために，m_t に以下の式を仮定します．

$$m_t = m_{t-1} + r_t, \qquad r_t \sim N(0, \sigma_r^2) \tag{6.4}$$

この式は，m_t がその1時点前の値から r_t だけ更新されることを表しています．m_t が1時点前からどのように動くかは分からないので，r_t は平均0，分散 σ_r^2 の正規分布に従う確率変数としています．右辺の m_{t-1} を左辺に移項すると $m_t - m_{t-1} = r_t$ となるので，r_t の平均が0であるという仮定は $m_t - m_{t-1}$ の差が小さい確率が高い，つまり m_t がその1時点前の値から少しだけ変化するという仮定を表しています．r_t の分散 σ_r^2 は r_t の振れ幅を規定するパラメータです．実際には σ_r^2 はデータから推定されますが，ここでは仮に $\sigma_r^2=1$ として m_t の推移をシミュレートしてみましょう．シミュレートするにあたっては最初の時点の値 (m_1) を決める必要があるので，それを0とします．そのうえで，その後の35時点分の $r_t(r_2 \sim r_{36})$ を平均0，分散1の正規分布に従う乱数で発生させ，$m_t(m_2 \sim m_{36})$ を計算しました．そのプロセスを3回繰り返して，3つの m_t の推移をシミュレートしたのが図6.5です．

3つの m_t の推移を見ると，マイナスの小さな値からプラスの大きな値にジャンプするような急激な値の変化はないことが分かります．これは $m_t - m_{t-1}$ の平均が0という仮定を置いているからです．しかし，3つの m_t の推移のパターンはかなり異なっています．これは（6.4）式が m_t の推移の方向性

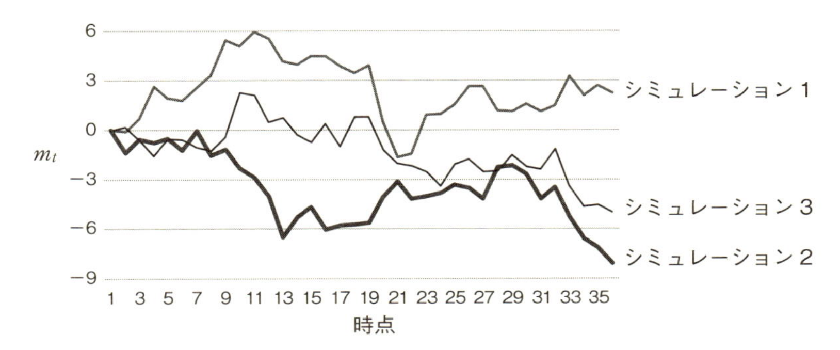

図6.5 1時点前に依存する m_t の推移

については何も仮定していないためです．したがって（6.4）式は，1時点前の値に依存して変化する多様なパターンを表現できるということです．

■ 曜日変動や月変動など，一定のタイミングで繰り返す変化を表現する

時系列データでは，ある一定のタイミングで繰り返す値の変化が観測されることがよくあります．例えば，子供のおもちゃの売上げがクリスマスとお盆の時期に高くなるとか，居酒屋の客数が金曜日に多くなり日曜日に少なくなるというようなケースです．このように一定のタイミングで繰り返す値の変化を s_t とすると，一定のタイミングで繰り返す値の変化を持つ時系列モデルは以下の式で表現されます．

$$y_t = s_t + e_t, \qquad e_t \sim N(0, \sigma_e^2) \tag{6.5}$$

e_t は正規分布に従うモデルの残差で，y_t のうち s_t だけでは説明できない部分を表しています．

次に，s_t が一定のタイミングで繰り返す値であることを明示します．いま時系列が四半期単位のデータだとすると，四半期ごとに繰り返す値の変化，つまり四半期ごとの季節性 s_t は，

$$s_t = -s_{t-1} - s_{t-2} - s_{t-3} + r_t, \qquad r_t \sim N(0, \sigma_r^2) \tag{6.6}$$

と表現できます．この式は少し分かりにくいのですが，四半期間の相対的な値の大きさを規定する式になっています．仮に s_{t-1} を 2，s_{t-2} を -1，s_{t-3} を 1 として，正規分布に従う確率的な要素 r_t を 0 に固定すると，t 時点以降の s の値は表 6.1 のように計算できます．t 時点（第 1 四半期）が -2，$t+1$ 時点（第 2 四半期）が 1，$t+2$ 時点（第 3 四半期）が -1，$t+3$ 時点（第 4 四半期）が 2 となって，$t+4$ 時点（第 1 四半期）以降はそれらの値が繰り返し出現しています．また，第 1 四半期から第 4 四半期の合計が 0 になっており，第 1 四半期から第 4 四半期のそれぞれの値は，四半期間の相対的な値の大きさを表していることが分かります．

（6.6）式では，平均 0，分散 σ_r^2 の正規分布に従う確率的な要素 r_t が加わっていますので，実際の四半期ごとの季節性は全く同じ数値が繰り返し出現するということにはなりません．s_{t-1} を 2，s_{t-2} を -1，s_{t-3} を 1 として，その後の 36 時点分の $r_t(r_1 \sim r_{36})$ を平均 0，分散 $0.3^2(0.09)$ の正規分布に従う乱数で発生させると，r_t を加味した s_t の推移は図 6.6 のようになります．実際には，分

表 6.1　確率的な要素を 0 としたときの季節性 s_t の推移

時点	四半期	s	計算
$t-3$	第 2 四半期	1	初期値
$t-2$	第 3 四半期	-1	初期値
$t-1$	第 4 四半期	2	初期値
t	第 1 四半期	-2	$-s_{t-1}-s_{t-2}-s_{t-3}$
$t+1$	第 2 四半期	1	$-s_t-s_{t-1}-s_{t-2}$
$t+2$	第 3 四半期	-1	$-s_{t+1}-s_t-s_{t-1}$
$t+3$	第 4 四半期	2	$-s_{t+2}-s_{t+1}-s_t$
$t+4$	第 1 四半期	-2	$-s_{t+3}-s_{t+2}-s_{t+1}$
$t+5$	第 2 四半期	1	$-s_{t+4}-s_{t+3}-s_{t+2}$
$t+6$	第 3 四半期	-1	$-s_{t+5}-s_{t+4}-s_{t+3}$
$t+7$	第 4 四半期	2	$-s_{t+6}-s_{t+5}-s_{t+4}$

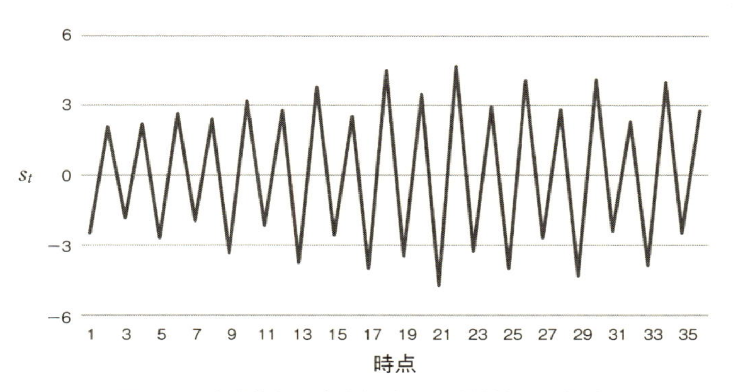

図 6.6　確率的な要素を加味した季節性 s_t の推移

散 σ_r^2 はデータから推定されるパラメータです．分散 σ_r^2 は s_t の振れ幅を規定しており，その値が大きいほど s_t の振れ幅が大きく変動することになります．

■状態空間モデルとは

状態空間モデルでは，(6.4) 式の m_t や (6.6) 式の s_t のように，時間とともに値が変化するパラメータをモデルに取り入れることができます．例えば四半期単位の購入意向率を y_t とすると，それを 1 時点前の値に依存して変化する変数 m_t，四半期ごとに繰り返す季節性を表す変数 s_t，四半期単位の CM の出稿量（世帯 GRP）の3つの変数で説明するモデルは以下のように表現することができます[4)].

$$y_t = m_t + s_t + bGRP_t + e_t, \qquad e_t \sim N(0, \sigma_e^2) \tag{6.7}$$

$$m_t = m_{t-1} + r_{t(m)}, \qquad r_{t(m)} \sim N(0, \sigma_{r(m)}^2) \tag{6.8}$$

$$s_t = -s_{t-1} - s_{t-2} - s_{t-3} + r_{t(s)}, \qquad r_{t(s)} \sim N(0, \sigma_{r(s)}^2) \tag{6.9}$$

（6.7）式にある b は，t 時点の世帯 GRP が t 時点の購入意向率 y_t にどのくらい影響するのかを表すパラメータです．e_t はモデルの残差を表していて，購入意向率 y_t のうち m_t，s_t，$bGRP_t$ の3要素で説明できない部分を表しています．2つ目の式と3つ目の式の意味は，（6.4）式と（6.6）式で説明した通りです．ただし，この2つの式の確率的な要素 r_t を区別するために，添字に (m) と (s) を加えています．

状態空間モデルでは，時間とともに変化するパラメータと，時間とともに変化しない固定的なパラメータを共存させることもできます．例えば（6.7）式にある b は，時間とともに変化しない固定的なパラメータです．もし s_t も固定的なパラメータとして扱いたい場合には，（6.9）式は不要になります．第1四半期，第2四半期，第3四半期を表す説明変数をそれぞれ q_1，q_2，q_3 とすれば，（6.7）式の s_t を固定的なパラメータとして扱う状態空間モデルは，

$$y_t = m_t + s_1q_1 + s_2q_2 + s_3q_3 + bGRP_t + e_t, \qquad e_t \sim N(0, \sigma_e^2) \tag{6.10}$$

$$m_t = m_{t-1} + r_t, \qquad r_t \sim N(0, \sigma_r^2) \tag{6.11}$$

と表現できます．ただし（6.10）式の s_1，s_2，s_3 は，第1四半期，第2四半期，第3四半期の値の相対的な大きさを表すパラメータです．表6.2に q_1，q_2，q_3 の表現方法と，パラメータ s_1 を -2，s_2 を 1，s_3 を -1 とした場合の各四半期の効果の計算例を示しました．表6.2の「$s \times q$ の和」の列を見ると，$s_t = -s_{t-1} - s_{t-2} - s_{t-3}$ の計算例を示した表6.1の s_t と同じ計算結果が得られていることが分かります．表6.2の q_1，q_2，q_3 の表現方法は，$s_t = -s_{t-1} - s_{t-2} - s_{t-3}$ と同義であるということです．

4)　状態空間モデルでは，目的変数 y_t を規定する式を観測方程式，時間とともに値が変化するパラメータを状態変数，状態変数の変化のパターンを規定する式を状態方程式と呼びます．（6.7）～（6.9）式では，m_t と s_t が状態変数，（6.7）式が観測方程式，（6.8）式と（6.9）式が状態方程式です．

表 6.2　各四半期の説明変数 $q_1 \sim q_3$ の表現方法と各四半期の効果の計算例
（$s_1=-2$，$s_2=1$，$s_3=-1$ とした場合）

時点	四半期	説明変数の値			$s \times q$			$s \times q$ の和
		q_1	q_2	q_3	$s_1 \times q_1$	$s_2 \times q_2$	$s_3 \times q_3$	
1	第 1 四半期	1	0	0	−2	0	0	−2
2	第 2 四半期	0	1	0	0	1	0	1
3	第 3 四半期	0	0	1	0	0	−1	−1
4	第 4 四半期	−1	−1	−1	2	−1	1	2
5	第 1 四半期	1	0	0	−2	0	0	−2
6	第 2 四半期	0	1	0	0	1	0	1
7	第 3 四半期	0	0	1	0	0	−1	−1
8	第 4 四半期	−1	−1	−1	2	−1	1	2

■ MCMC による状態空間モデルのパラメータ推定

状態空間モデルのパラメータは **MCMC** で推定することができます．MCMC の基本的なアイデアは 2 章を参照してください．ここでは状態空間モデルの**尤度関数**と**事前分布**について解説します．ソフトウェアで MCMC を実装するためには，尤度関数と事前分布についての設定をプログラム上で行う必要があるためです．

推定したいパラメータを θ，手元にあるデータを D とすると，パラメータの**事後分布**は，

$$f(\theta|D)=kf(D|\theta)f(\theta) \propto f(D|\theta)f(\theta) \tag{6.12}$$

と分解できます．$f(D|\theta)$ は尤度関数，$f(\theta)$ は事前分布です．この式はパラメータの事後分布が尤度関数と事前分布の積に比例することを表しています．

ここから（6.7）〜（6.9）式の状態空間モデルを，（6.12）式の尤度関数 $f(D|\theta)$ と事前分布 $f(\theta)$ に対応させていきます．ただし，この状態空間モデルの尤度関数と事前分布の式はとても煩雑になるので，尤度関数と事前分布を記号で表現することにします．手元にある時系列データの時点が 1 から T まで $(t=1, 2, \cdots, T)$ だとすると，（6.7）式のパラメータは $\{m_1, \cdots, m_T\}$，$\{s_1, \cdots, s_T\}$，b，σ_e^2 です．これらのパラメータの尤度は（6.7）式の y_t を確率分布の形で表現し直したものになります．ここではそれを

$$\boxed{y_1} \times \boxed{y_2} \times \cdots \times \boxed{y_T}$$

と記号で表現します．パラメータの尤度の意味は，購入意向率 y_t と 世帯GRP_t がデータとして得られたときに，各パラメータがどのくらいもっともらしいかということです．

次に，(6.7) 式の各パラメータの事前分布を表現していきます．まず，$\{m_1, \cdots, m_T\}$ の事前分布です．m_2 から m_T の事前分布は，(6.8) 式を確率分布で表現し直したものになります．(6.8) 式は1時点前との依存関係を表す式ですが，m_1 については1時点前の情報がデータに存在せず，(6.8) 式に規定されません．そこで「m_1」と「m_2 から m_T」を区別して，$\{m_1, \cdots, m_T\}$ の事前分布を以下のように表現します．

$$\bigcirc\!\!\!\!\!\!\;m_1 \times \boxed{m_2} \times \cdots \times \boxed{m_T}$$

m_1 の丸の囲みは，m_1 が特定の式に規定されないことを示しています．

続いて $\{s_1, \cdots, s_T\}$ の事前分布です．s_4 から s_T の事前分布は，(6.9) 式を確率分布で表現し直したものになります．(6.9) 式は四半期ごとの繰り返しパターンを表す式で，3時点前からの値に依存していますが，s_1 から s_3 については3時点前からの情報がデータに存在せず，(6.9) 式に規定されません．そこで「s_1 から s_3」と「s_4 から s_T」を区別して，$\{s_1, \cdots, s_T\}$ の事前分布を以下のように表現します．

$$\bigcirc\!\!\!\!\!\!\;s_1 \times \bigcirc\!\!\!\!\!\!\;s_2 \times \bigcirc\!\!\!\!\!\!\;s_3 \times \boxed{s_4} \times \cdots \times \boxed{s_T}$$

s_1 から s_3 の丸の囲みは，s_1 から s_3 が特定の式に規定されないことを示しています．

最後に b と σ_e^2 の事前分布をそれぞれ

$$\bigcirc\!\!\!\!\!\;b \;,\; \bigcirc\!\!\!\!\!\!\;\sigma_e^2$$

と丸の囲みで表現します．b，σ_e^2 には (6.8) 式や (6.9) 式のような特別な仮定が置かれておらず，特定の式に規定されないためです．以上が (6.7) 式のパラメータの事前分布の記号表現です．

残るパラメータは（6.8）式と（6.9）式のパラメータです[5]．（6.8）式と（6.9）式にはそれぞれ $\sigma^2_{r(m)}$，$\sigma^2_{r(s)}$ というパラメータが存在します．これらについても特別な仮定が置かれておらず，特定の式に規定されないため，

$$\textcircled{\sigma^2_{r(m)}}\ ,\ \textcircled{\sigma^2_{r(s)}}$$

と丸の囲みで表現します．尤度関数と事前分布をすべてまとめると，（6.7)～(6.9）式の状態空間モデルにおけるパラメータの事後分布は

$$\boxed{y_1} \times \boxed{y_2} \times \cdots \times \boxed{y_T} \times$$

$$\textcircled{m_1} \times \boxed{m_2} \times \cdots \times \boxed{m_T} \times$$

$$\textcircled{s_1} \times \textcircled{s_2} \times \textcircled{s_3} \times \boxed{s_4} \times \cdots \times \boxed{s_T} \times$$

$$\textcircled{b} \times \textcircled{\sigma^2_e} \times \textcircled{\sigma^2_{r(m)}} \times \textcircled{\sigma^2_{r(s)}}$$

と表現できます．パラメータの事後分布は，上記の四角で囲った記号と丸で囲った記号を確率分布の式で表したものに比例します．なお，上記の表現はすべてのパラメータの同時事後分布に対応していますが，MCMC で各パラメータのサンプリングを行えば，各パラメータの事後分布を知ることができます．

一般的に分析者が指定する必要があるのは，尤度関数，各パラメータの事前分布，各パラメータの初期値，サンプリングの繰り返し数，**バーンイン**[6] の長さです．指定方法の具体例は次節以降の応用事例で紹介します．

6.3　時系列データによる広告効果の測定

マーケティング活動の継続的な改善を行うためには，実施したマーケティング活動が成果指標にどのくらい貢献しているのかを定量化する必要がありま

5)　(6.8) 式と (6.9) 式は m_t $(t=2, \cdots, T)$ と s_t $(t=4, \cdots, T)$ の事前分布そのものですので，事前分布の中にも推定されるパラメータが存在するということです．これは階層ベイズモデルと同じ設定です．

6)　サンプリングの初めの方はパラメータの初期値の影響を受けるので，事後分布を要約する際には捨ててしまいます．それをバーンインといいます．

す．例えば広告では，各媒体での広告が成果指標にどのくらい貢献しているのかを確認したうえで，出稿量，媒体間の予算配分，広告クリエイティブの変更タイミングなどを検討することが必要です．

本節では，ブランド評価指標の時系列データを状態空間モデルで分析して，CMのブランド評価指標への貢献度を明らかにした事例を紹介します．

■ 時系列データをグラフ化してモデルを検討する

モデリングをする際にまず必要なのは，データをグラフ化して適切なモデルを検討することです．図6.7が本節で分析対象とする時系列データです．このデータは株式会社ビデオリサーチのMind-TOP®のデータで，トイレタリー製品のあるブランドにおけるブランド考慮率とCM出稿量（世帯GRP）を示しています．ブランド考慮率は「○○○（製品カテゴリー名称）で買ってもよいと思うブランドは？」という問いに対する回答率で，質問の形式は回答選択肢を設けずに回答者に自由に記入してもらう再生形式です．データは2週間隔になっており，ブランド考慮率は2週間ごとの調査の回答率，世帯GRPは調査期間を含む直近2週間の合計世帯GRPです．

図6.7でブランド考慮率の推移を確認すると，2012年1月から2013年2月にかけて徐々にスコアが低下しています．その後2013年3月から2014年7月にかけては一転して上昇傾向が続きます．2014年8月から2015年1月は再び低下傾向になり，その後はほぼ同水準で推移しています．このように徐々にスコアの水準が変化するということは，各時点のスコアが1時点前のスコアに依

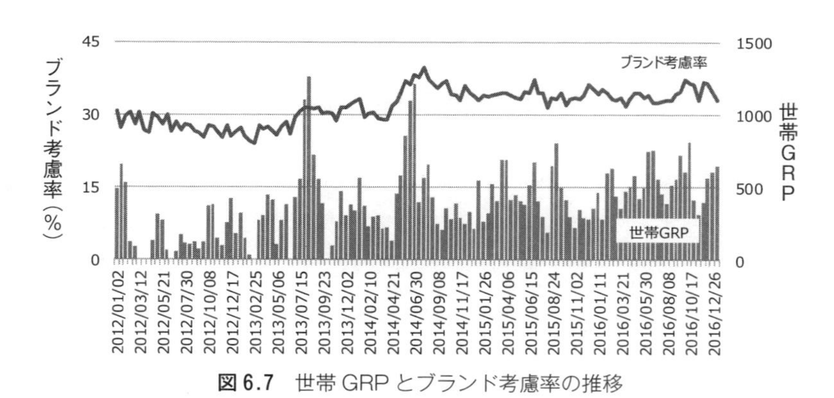

図6.7　世帯GRPとブランド考慮率の推移

存しているということです．各時点のスコアが1時点前のスコアを起点として決まっていると言い換えることもできます．

次に世帯GRPとブランド考慮率の関係を確認すると，CM出稿量（世帯GRP）が多い2013年8月前後と2014年6月前後にブランド考慮率が上昇していることが分かります．しかし，ブランド考慮率の上昇幅は2014年6月前後の方がかなり大きくなっています．これらの時点の世帯GRPには大きな差はないので，2014年6月前後の方が1GRPあたりのブランド考慮率の上昇幅が大きくなっているということです．実は，このブランドは2014年4月に商品のリニューアルを行っており，それに伴って広告クリエイティブを大幅に変更しています．2014年6月頃のブランド考慮率の大幅な上昇は，CMによってリニューアル商品の魅力が伝わった結果だと考えられます．

なお，季節変動などの「一定のタイミングで繰り返す変化」については，図6.7では確認できません．売上金額や販売個数には季節変動が確認されることがよくありますが，今回対象にしているブランド考慮率にはそのような変動はないようです．

■ 分析の実行

図6.7の時系列データを確認した結果，ブランド考慮率のスコアが少しずつ変化する傾向があることと，2014年4月の商品リニューアルに伴う広告クリエイティブの変更で，広告効果が変化している可能性があることが分かりました．そこで以下の状態空間モデルを仮定します．

$$y_t = m_t + b_t\sqrt{GRP_t} + e_t, \qquad e_t \sim N(0, \sigma_e^2) \qquad (t=1, 2, \cdots, T) \tag{6.13}$$

$$m_t = m_{t-1} + r_{t(m)}, \qquad r_{t(m)} \sim N(0, \sigma_{r(m)}^2) \qquad (t=2, 3, \cdots, T) \tag{6.14}$$

$$b_t = b_{t-1} + r_{t(b)}, \qquad r_{t(b)} \sim N(0, \sigma_{r(b)}^2) \qquad (t=2, 3, \cdots, c-1, c+1, \cdots, T) \tag{6.15}$$

ここではそれぞれの式がどの時点に適用されるかを $(t=\cdots)$ という記号で明示しました．まず（6.13）式は，2週間隔のブランド考慮率 y_t が1時点前の値に依存して少しずつ変化する変動 m_t と，CMの効果 $b_t\sqrt{GRP_t}$ で説明されることを表しています．GRPにルートを付けているのは，「広告にはその商品カテゴリーに関心の高い人から反応していくため，GRPの増加に伴って効果が逓減するだろう」という仮定を表現するためです（図6.8）．

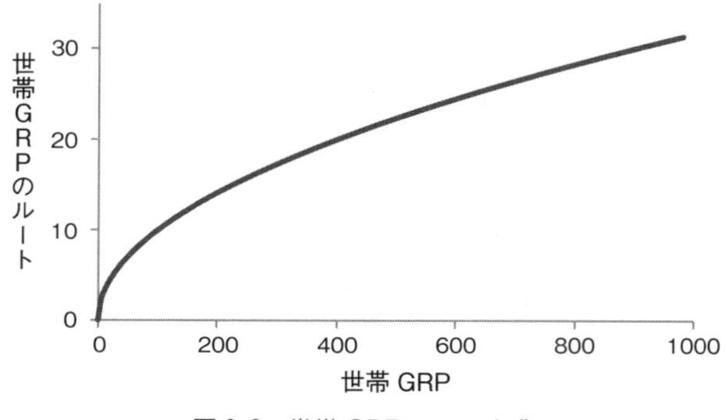

図 6.8　世帯 GRP のルート化

(6.14) 式は，m_t が 1 時点前の値に依存して変化することを仮定する式です．

(6.15) 式では，CM の効果の大きさを表すパラメータ b_t も 1 時点前の値に依存して変化することを仮定しています．CM に繰り返し接触することで内容理解が促進されたり，過剰に接触することで嫌悪感を覚えたりと，時間とともに広告効果が変化すると考えられるからです．また，2014 年 4 月の商品リニューアルに伴って広告効果が変化する可能性は，添字の t の設定 $(t=2, 3, \cdots, c-1, c+1, \cdots, T)$ によって表現しています．商品リニューアルのあった時点を c とすると，この t の設定は (6.15) 式の仮定が時点 c には適用されないことを表しています．言い換えれば，時点 c の CM の効果 b_c は，1 時点前の値に関係なく決まるよということです．

次にパラメータの尤度関数と事前分布を設定します．6.2 節と同様に尤度関数と事前分布を記号で表現すると，パラメータの事後分布は

$$\boxed{y_1} \times \boxed{y_2} \times \cdots \times \boxed{y_T} \times$$

$$\bigcirc m_1 \times \boxed{m_2} \times \cdots \times \boxed{m_T} \times$$

$$\bigcirc b_1 \times \boxed{b_2} \times \cdots \times \boxed{b_{c-1}} \times \bigcirc b_c \times \boxed{b_{c+1}} \times \cdots \times \boxed{b_T} \times$$

$$\bigcirc \sigma_e^2 \times \bigcirc \sigma_{r(m)}^2 \times \bigcirc \sigma_{r(b)}^2$$

【6月新刊】

◎高頻度取引を中心にアルゴリズムと数理を解説

アルゴリズム取引

Algorithmic Trading

足立高徳 著　津田博史 監修

180頁　定価（本体3,200円＋税）(27584-1)

〔内容〕不確実性と投資／アルゴ・ビジネスの階層／電子市場と板情報／市場参加者モデル／長短期アルファと板情報力学／教師あり学習を使ったアルファ探索／戦略／取引ロボット／他

◎理論の入門から実践的な内容までを平易に解説

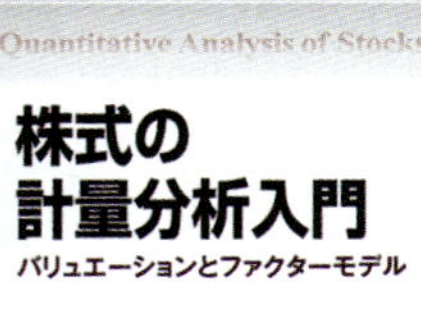

株式の計量分析入門

—バリュエーションとファクターモデル—

Quantitative Analysis of Stocks

津田博史・吉野貴晶 著

176頁　定価（本体2,800円＋税）(27581-0)

学生，ビジネスマンおよび株式投資に興味ある読者を対象。〔内容〕株式分析の基礎知識／企業利益／株式評価／割引超過利益モデル／データ解析とモデル推定／ファクターモデル　(2016年11月刊行)

【続刊予定】

市場変動と最適投資

金融データマイニング

朝倉書店
〒162-8707 東京都新宿区新小川町6-29
（営業部）電話 03-3260-7631
FAX 03-3260-0180
http://www.asakura.co.jp　eigyo@asakura.co.jp
ISBNは978-4-254を省略　価格表示は2018年5月現在

と表現できます．1 行目の y_1 から y_T がパラメータの尤度関数，それ以外が (6.13)～(6.15) 式に登場する各パラメータの事前分布です．なお，四角の囲みは (6.13)～(6.15) 式のいずれかの式に規定されるという意味で，丸の囲みは特定の式に規定されないという意味です．

ここから上記のそれぞれの記号を確率分布の形式で表現していきます．どうしてかというと，Stan などの MCMC 用のソフトウェアでは，各変数の確率分布をプログラム上に書くことでモデルを指定するからです．まず四角の囲みの y_1 から y_T は，(6.13) 式のブランド考慮率 y_t の確率分布であり，

$$y_t \sim N(m_t + b_t\sqrt{GRP_t}, \sigma_e^2) \qquad (t=1, 2, \cdots, T) \tag{6.16}$$

と表現できます．これは y_t が平均 $m_t + b_t\sqrt{GRP_t}$，分散 σ_e^2 の正規分布に従うことを表しています．(6.13) 式では e_t のみが確率変数で，$m_t + b_t\sqrt{GRP_t}$ の部分は定数として扱われています．e_t はもともと平均 0，分散 σ_e^2 の正規分布 $N(0, \sigma_e^2)$ に従うと仮定されていますので，その平均に定数 $m_t + b_t\sqrt{GRP_t}$ を足したものが y_t の確率分布になります．

次に四角の囲みの m_2 から m_T は，(6.14) 式の m_t の確率分布であり，

$$m_t \sim N(m_{t-1}, \sigma_{r(m)}^2) \qquad (t=2, 3, \cdots, T) \tag{6.17}$$

と表現できます．(6.14) 式では $r_{t(m)}$ のみが確率変数で，m_{t-1} の部分は定数として扱われています．$r_{t(m)}$ はもともと平均 0，分散 $\sigma_{r(m)}^2$ の正規分布 $N(0, \sigma_{r(m)}^2)$ に従うと仮定されていますので，その平均に定数 m_{t-1} を足したものが m_t $(t=2, 3, \cdots, T)$ の確率分布になります．

四角の囲みの b_2 から b_{c-1}，b_{c+1} から b_T も m_2 から m_T と同様に考えて，

$$b_t \sim N(b_{t-1}, \sigma_{r(b)}^2) \qquad (t=2, 3, \cdots, c-1, c+1, \cdots, T) \tag{6.18}$$

と表現できます．商品リニューアルが行われた時点 c のパラメータ b_c の事前分布については，(6.18) 式に含まれていないことに注意してください．

残りのパラメータで事前分布を設定していないのは丸で囲んだ 6 つのパラメータです．これら 6 つのパラメータについては事前の知識が何もないため，以下の**無情報事前分布**を設定します．

$$\begin{aligned} &m_1 \sim N(0, 100^2), \quad b_1 \sim N(0, 10^2), \qquad b_c \sim N(0, 10^2), \\ &\sigma_e^2 \sim U(0, 100), \qquad \sigma_{r(m)}^2 \sim U(0, 100), \quad \sigma_{r(b)}^2 \sim U(0, 10) \end{aligned} \tag{6.19}$$

何も知識がないといっても分散が負になることはありえないので，σ_e^2，$\sigma_{r(m)}^2$，$\sigma_{r(b)}^2$ には値の範囲が 0 以上の一様分布を設定しています．一様分布の上限につ

いては，想定される σ_e^2，$\sigma_{r(m)}^2$，$\sigma_{r(b)}^2$ の値よりも十分に大きな値に設定しています．m_1，b_1，b_c についてはマイナスになることも理論的にはありうるので，平均 0 の正規分布を設定しています[7)]．それぞれの正規分布の分散については，想定される m_1，b_1，b_c の値の範囲で分布が平べったくなるように（＝どの値もほぼ同じ確率となるように），十分に大きな値に設定しています．無情報事前分布の設定のポイントは，パラメータの値の想定される範囲で，どの値も同じ程度の確率で出現するようにするということです．そうすればパラメータの事後分布は，事前分布の影響を受けなくなります．

■　分析結果の確認

分析の実行には R で **Stan** を実行するためのパッケージ **RStan** を使いました．RStan のプログラムと MCMC の各種設定については後ほど解説します．

まず，モデルの予測値が実際のブランド考慮率（実測値）にどのくらいフィットしているかを確認します．図 6.9 では縦軸のスコア幅を狭くして，予測値と実測値の差が分かりやすくなるようにしていますが，それでも予測値と実測値がほぼ重なっていることが分かります．時系列データの分析では各時点の残差間に顕著な関係が残っていないかを確認することが必要だということを説明しましたが，図 6.9 を見る限り，各時点の残差間に顕著な関係は確認できません．時間とともに変化するパラメータを導入したことで，時点間の関係をうまく推定できたようです．

次に，1 時点前の値に依存して少しずつ変化するパラメータ m_t の推定結果を確認します．m_t の事後平均（図 6.10）を見ると，m_t は 2012 年 1 月から 2013 年 2 月にかけて徐々に低下し，その後 2013 年 3 月から 2014 年 1 月にかけては徐々に上昇していきます．また，2014 年 4 月から 7 月にかけて水準がさらに上昇し，その後もその水準を維持していることが確認できます．m_t は CM の影響（$b_t\sqrt{GRP_t}$）を除いたブランド考慮率の水準，つまり CM を打たなくても獲得できるブランド考慮率と見ることができますが，2014 年 4 月の商品リニューアルによってその水準が高くなったということです．

7）　例えば，炎上するような CM はブランド考慮率にマイナスの影響を及ぼすと考えられます．もし CM の効果がマイナスでは困るということであれば，b_1，b_c についても値の範囲が 0 以上の一様分布を設定するようにします．

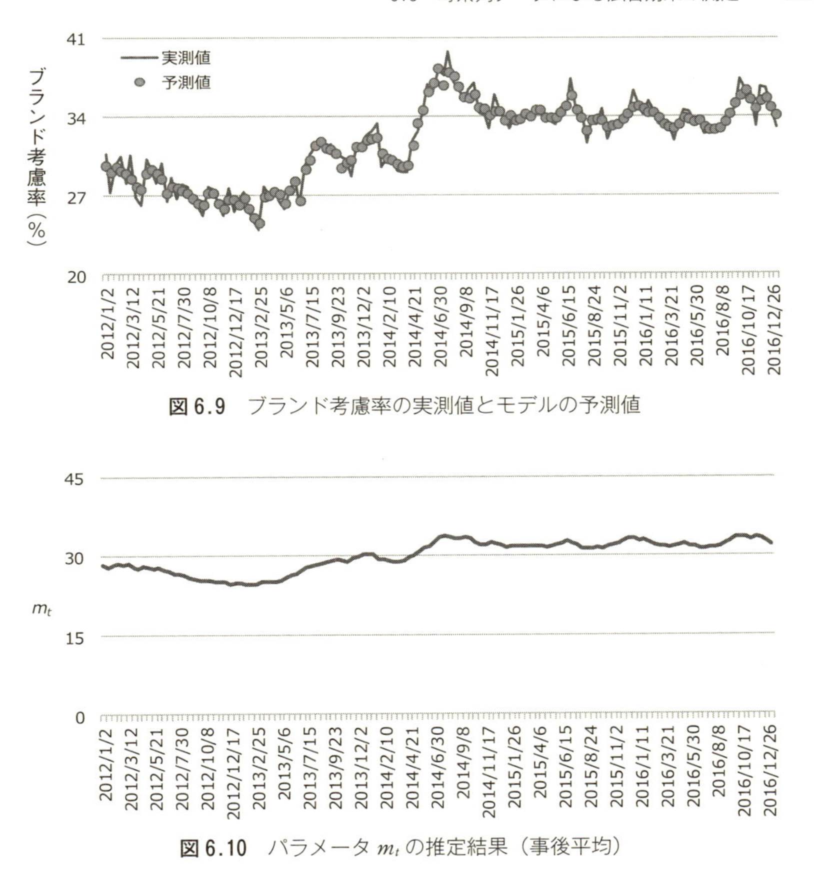

図 6.9　ブランド考慮率の実測値とモデルの予測値

図 6.10　パラメータ m_t の推定結果（事後平均）

続いて，CM の効果の大きさを表すパラメータ b_t の推移を確認します．b_t の事後平均（図 6.11）を見ると，2014 年 4 月の商品リニューアルのタイミングで値が急に大きくなっていることが分かります．「商品リニューアルのタイミングの広告効果の値は，その 1 時点前の広告効果の値に依存しない」という設定にしたことで，広告効果の大幅な上昇をうまく捉えられているということです．もしこの時点にも $b_t=b_{t-1}+r_{t(b)}$ という関係を仮定していたら，このような急激な変化を捉えることはできません．マーケティングでは市場に非連続的な変化が起こることがよくあるので，時間とともに少しずつ変化するパラメータを導入する際には，その仮定が正しいか十分に吟味する必要があります．

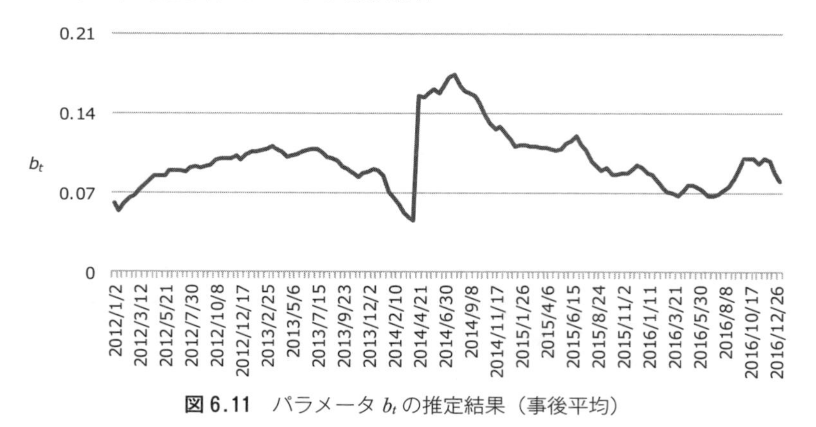

図 6.11　パラメータ b_t の推定結果（事後平均）

さて，2014 年 4 月時点の b_t の値はその前の時点の 3 倍程度になっていますが，それを素直に「広告効果が 3 倍になった」と解釈することができるでしょうか？ 商品リニューアルの際には，CM 以外の販促施策も積極的に行われることがふつうです．2014 年 4 月時点の b_t の上昇は，そのような他の販促施策がたまたま重なった結果とも考えられます．したがって，2014 年 4 月時点の b_t の上昇は，他の販促施策の効果も含む総合的な効果と解釈する方が妥当なように思います．注目したいのは 2014 年 8 月頃をピークに下降していた b_t が，2016 年 10 月に再び上昇していることです．商品の機能や性能が消費者にとって当たり前になってくると，それを広告で訴求しても消費者の好意的な態度を喚起することが難しくなり，b_t は低下します．b_t を再び上昇させるには，広告の訴求内容や表現方法を工夫することで，消費者に新しい魅力を感じてもらうことが必要です．このブランドは 2016 年 10 月の広告クリエイティブの変更で消費者に新しい価値軸を提案しており，b_t を再び上昇させることに成功しています．

■　状態空間モデルと従来の時系列モデルの比較

ここで図 6.7 のデータを従来の時系列モデルで分析して，本節の状態空間モデルの結果と比較してみましょう．時系列モデルには多くのバリエーションがありますが，今回は SPSS に搭載されているエキスパートモデラーという機能を使いました．SPSS のエキスパートモデラーは，様々な時系列モデルを比較

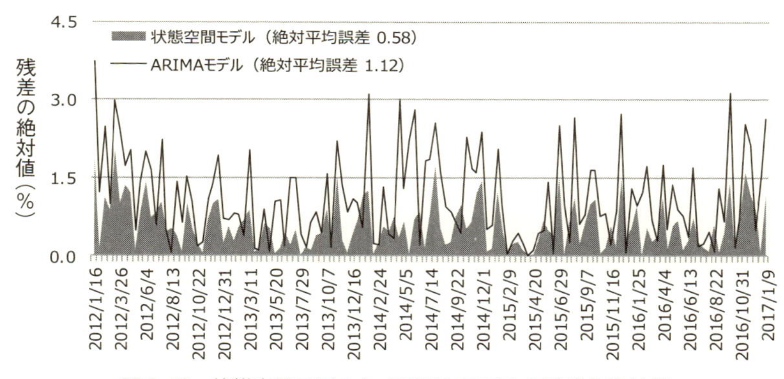

図 6.12 状態空間モデルと ARIMA モデルの残差の絶対値

して，標準化 BIC という適合度指標が最もよくなるモデルを出力してくれます．

図 6.7 のデータをエキスパートモデラーで解析した結果，ARIMA(0,1,1) というモデルが採用されました．ARIMA モデルの詳しい説明は省きますが，ARIMA(0,1,1) はブランド考慮率 y_t と 1 時点前のブランド考慮率 y_{t-1} の差 $(y_t - y_{t-1})$ を目的変数として，1 時点前の誤差項 e_{t-1} を説明変数に加えた回帰モデルです．今回採用されたモデルでは，CM 出稿量についても 1 時点前との差 $(GRP_t - GRP_{t-1})$ をとって，説明変数に投入されています．

図 6.12 にモデルの予測値と実際のブランド考慮率（実測値）の残差の絶対値を示しました．状態空間モデルと ARIMA モデルの残差の絶対値を比較すると，状態空間モデルの方が値が小さいことが分かります．分析期間における残差の絶対値の平均（絶対平均誤差，MAE）では，状態空間モデルが 0.58%，ARIMA モデルが 1.12% となっており，状態空間モデルは ARIMA モデルの約半分です．状態空間モデルの方が分析期間のブランド考慮率の推移をうまく捉えられているということです．

また，ARIMA モデルでは，説明変数のパラメータが時間とともに変化しない固定的なパラメータのため，図 6.11 のような広告効果の変化を捉えることはできません．パラメータの時系列変化を確認することが重要な場合には，ARIMA モデルでは不十分だということです．

6.4　R と Stan による状態空間モデルの実行

Stan は**ハミルトニアンモンテカルロ（HMC）法**という MCMC を実装できる統計分析パッケージです．HMC による事後分布からのサンプリングはとても効率的で，従来の MCMC よりも収束するまでの計算時間が短いという特長があります．RStan は Stan を R から利用するためのライブラリです．本節では，6.3 節の状態空間モデルのプログラムと HMC の設定を解説していきます[8)]．

■ RStan のプログラム

```
1 setwd("C:/xxx")
2
3 mtopdata <- read.csv("mtopdata.csv")
4 mtopdata_lst <- list(T=nrow(mtopdata),Y=mtopdata$kouryo,
5                  sqGRP=mtopdata$sqrt_GRP,c=61)
```

まず R で分析データを読み込んで，それを Stan に渡せるようにリスト形式[9)] のオブジェクトにします．

1 行目で作業ディレクトリを設定しています．続いて 3 行目で CSV 形式の分析データ（図 6.13）を読み込み，4 行目と 5 行目で Stan 内で用いるデータ

	A	B	C	D	E
1	KI	kouryo	GRP	sqrt_GRP	
2	2012/1/2	30.7	492.9	22.2	
3	2012/1/16	27.3	651.5	25.5	
4	2012/1/30	29.7	534.5	23.1	
5	2012/2/13	30.4	122	11	
6	2012/2/27	28.1	89.2	9.4	
7	2012/3/12	30.6	0	0	
8	2012/3/26	26.8	0	0	

図 6.13　分析データの一部

8)　日本語による Stan の解説書に松浦健太郎（2016）『Stan と R でベイズ統計モデリング』共立出版があります．さまざまな統計モデルの Stan コードが丁寧に解説されています．

9)　リストとは複数のデータをまとめて 1 つの箱に格納したものです．

をリスト化しています．リスト内のTはデータの時点数で，データの行数を計算するnrow( )を用いて指定しています．また，Yはブランド考慮率，sqGRPはGRPのルートです．これらの変数はmtopdataの変数名で指定しています．cは商品リニューアル後の最初の時点の時点数です．

```
 6  stancode <-'
 7  data {
 8      int T;                    //データの時点数
 9      real Y[T];                //目的変数（ブランド考慮率）
10      real sqGRP[T];            //説明変数（GRPのルート）
11      int c;                    //商品リニューアル後の最初の時点
12  }
13
14  parameters {
15      real m[T];                //1時点前に依存して変化するm
16      real b[T];                //GRPのルートの係数
17      real<lower=0> s_e;        //yの観測方程式の標準偏差
18      real<lower=0> s_rm;       //mの状態方程式の標準偏差
19      real<lower=0> s_rb;       //bの状態方程式の標準偏差
20  }
21
```

次に，Stanのコードを記述していきます．6〜42行目がStanのコードです．stancode <- 'xxxx' というように，Stanのコードを文字列としてstancodeというオブジェクトに格納しています．コードの右側にある「//」は説明のコメントを記述するための記号で，この記号の右側の文字はStan内で処理されません．

7〜12行目が入力データに関する記述です．Rでリスト化した各変数をここで指定しています．intは整数，realは実数を表していて，[xx]は変数の配列の長さです．例えばreal Y[T];という記述は，Yが実数で長さが時点数Tであることを示しています．[xx]がないTとcは配列ではなく，単一の数（スカラー）になります．

14〜20行目がモデルのパラメータに関する記述です．推定するパラメータはすべてここで記述します．記述の仕方は入力データと同様ですが，各標準偏差については<lower=0>という記述で値の範囲を0以上に制限しています．もし値の上限も設定したい場合には<lower=xx, upper=yy>という形で指定します．

```
22 model {
23     for(t in 1:T){
24         Y[t] ~ normal(m[t]+b[t]*sqGRP[t], s_e);      //尤度関数
25     }
26     for(t in 2:T){
27         m[t] ~ normal(m[t-1], s_rm);                 //m の事前分布
28     }
29     for(t in 2:c-1){
30         b[t] ~ normal(b[t-1], s_rb);  //b の事前分布（商品リニューアル前）
31     }
32     for(t in c+1:T){
33         b[t] ~ normal(b[t-1], s_rb);  //b の事前分布（商品リニューアル後）
34     }
35     m[1] ~ normal(0,100);    //m の 1 時点目の事前分布
36     b[1] ~ normal(0,10);     //b の 1 時点目の事前分布
37     b[c] ~ normal(0,10);     //b の商品リニューアル後の最初の時点の事前分布
38     s_e ~ uniform(0,100);    //s_e の事前分布
39     s_rm ~ uniform(0,100);   //s_rm の事前分布
40     s_rb ~ uniform(0,10);    //s_rb の事前分布
41 }
42 '
```

22〜41 行目が尤度関数と事前分布に関する記述です．尤度関数と事前分布は，各変数がどのような分布に従っているかを変数〜確率分布（ ）という形式で指定します．まず 23〜25 行目で尤度関数を指定しています．`for (t in 1:T)`というのは繰り返しの構文で，`{ }`内の計算が`t`に`1`から`T`を代入して順次繰り返されることを表しています．`T`は 8 行目で指定しているデータの時点数です．`{ }`内の`Y[t] ~ normal(m[t]+b[t]*sqGRP[t], s_e)`という記述は，各時点のブランド考慮率`Y[t]`が平均`m[t]+b[t]*sqGRP[t]`，標準偏差`s_e`の正規分布に従うことを表しています．これは（6.16）式の表現そのものです．

同様に，26〜28 行目が`m[t]`の事前分布で（6.17）式に，29〜34 行目が`b[t]`の事前分布で（6.18）式に，35〜40 行目がそれ以外のパラメータの事前分布で（6.19）式に対応しています．`b[t]`については商品リニューアル時点（c 時点）で連続性が途切れているので，別々に事前分布を記述しています．`s_e`，`s_rm`，`s_rb`の`uniform(xxx, yyy)`という記述は，下限が`xxx`，上限が`yyy`の一様分布という意味です．

```
43 library(rstan)
44 rstan_options(auto_write=TRUE)
45 options(mc.cores=parallel::detectCores())
46
47 stanmodel <- stan_model(model_code=stancode)
48
49 fit <- sampling(stanmodel,data=mtopdata_lst,
50     init=function(){
51         list(m=runif(nrow(mtopdata),0,100),
               b=runif(nrow(mtopdata),0,1),s_e=runif(1,0,10),
52             s_rm=runif(1,0,10),s_rb=runif(1,0,0.1))
53     },
54     iter=20500, warmup=500, chains=4, seed=12345)
```

続いて HMC の各種設定を行って，サンプリングを行います．43 行目で RStan のライブラリを呼び出しています．44 行目と 45 行目は，CPU がマルチコアの場合に並列計算を実行するためのスクリプトです．47 行目の `stan_model(model_code=stancode)` は，`stancode` に格納されたコード（7〜41 行目）をコンパイルするためのスクリプトです．一度コンパイルしておけば，初期値やサンプリング数などの条件を変更して，繰り返しパラメータのサンプリングが行えます．

49〜54 行目で事後分布からのサンプリングに関する設定を行っています．`sampling` 関数の 1 つ目の引数で，コンパイルされた Stan コードを指定しています．`data` では Stan に渡すデータのリストを指定しています．`mtopdata_lst` は 4 行目で作成したものです．`init` では各パラメータの初期値をリスト形式で指定します．ここでは `function(){ }` というスクリプトで，初期値のリストを作成する関数を定義しています．例えば `m=runif(nrow(mtopdata),0,100)` は，下限が 0，上限が 100 の一様分布に従う乱数を，`mtopdata` の行数分，つまり時点数分だけ発生させるという意味です．すべてのパラメータの初期値を一様分布から発生させていますが，下限と上限は想定される値の範囲で適当に指定しています．

54 行目の `iter` はサンプリングの繰り返し数，`warmup` はバーンインの長さ，`chains` は発生させるサンプリング列の本数です．今回の分析では `iter` が 20500，`chains` が 4 なので，20500 個のサンプリング列を 4 本発生させているということです[10)]. 本来，サンプリング列が4本ある場合には，init で各パラメータの初期値を指定した4つのリストをリスト化したもの，つまり，list(list(m=xx, b=yy, ···), list(m=xx, b=yy, ···), list(m=xx, b=yy, ···), list(m=xx, b=yy, ···)) という指定が必要ですが，50〜53行目のように関数定義をすることで，このような冗長な指定が避けられます．seed は乱数シードです．乱数シードを適当な値に固定すれば，分析の設定を変えない限り同じ結果が再現されます．

```
55 write.table(summary(fit)$summary, file="outputsummary.txt",
56     sep="\t", quote=FALSE, col.names=NA)
57 traceplot(fit, pars=c("b[1]","s_rb"), inc_warmup=TRUE,
       window=c(1,500), nrow=2)
```

サンプリングが終了したら，MCMC が収束しているかを確認します．55行目と56行目は，サンプリング結果が格納されたオブジェクト fit に含まれるサンプリングの要約情報を outputsummary.txt というタブ区切りのテキストファイルに出力するためのスクリプトです．タブ区切りは sep="\t" で指定しています．

このテキストファイルをエクセルで開いたものの一部が図6.14です．出力されている値は，バーンインを除いた80000個（20000×4）のサンプリング結果の要約になります．A列がパラメータの変数名，B列がパラメータの事後平均です．図6.10と図6.11はこの列をグラフ化したものです．E〜I列には分位数が出力されています．例えばG列は，各パラメータのサンプリング列を小さいものから順に並べた時にちょうど真ん中にある値，つまり中央値という意味です．

MCMC が収束しているかを判断するための指標がK列の Rhat（$\widehat{R}$，アールハット）です．この指標が1に近ければ「収束している」と判断できることになります．今回はパラメータごとに4本のサンプリング列を発生させていますが，$\widehat{R}$ は各サンプリング列内の分散とサンプリング列間の分散を利用して算

10)　今回は最終的に20500個×4本のサンプリングを実行していますが，トライ&エラーの段階では1000個×4本ぐらいのサンプリングで計算結果を確認するのがおすすめです．サンプリング数が多いと計算時間が長くなるためです．モデルに目処をつけてから，サンプリング数を増やして収束するかを確認するというイメージです．

	A	B	C	D	E	F	G	H	I	J	K
1		mean	se_mean	sd	2.50%	25%	50%	75%	97.50%	n_eff	Rhat
2	m[1]	28.3121	0.0128	1.2022	26.0128	27.4998	28.2852	29.0949	30.7746	8783	1.0008
3	m[2]	27.7723	0.0142	1.1464	25.5262	27.0062	27.7591	28.5320	30.0614	6517	1.0013
4	m[3]	28.1885	0.0105	1.0040	26.2673	27.5145	28.1724	28.8432	30.2122	9102	1.0008
5	m[4]	28.5482	0.0069	0.8170	26.9749	27.9978	28.5356	29.0939	30.1823	14149	1.0004
6	m[5]	28.3260	0.0047	0.6898	26.9823	27.8600	28.3263	28.7879	29.6843	21610	1.0003
7	m[6]	28.5915	0.0033	0.6350	27.3388	28.1657	28.5902	29.0155	29.8449	37153	1.0000
8	m[7]	27.8036	0.0026	0.5856	26.6479	27.4132	27.8075	28.1966	28.9478	50379	1.0000

図 6.14 サンプリング結果の要約の一部

出される値で，サンプリング列間の分散が大きいほど大きな値になります．サンプリング列間の分散が大きいということは，各サンプリング列で得られているパラメータの値が異なっているということであり，一定の分布に収束していないことを意味します．一般的には $\widehat{R}$ が 1.1 より小さいかどうかを収束の判断基準とすることが多いようです．

57 行目の `traceplot` はサンプリング列の値の推移をグラフ化するための関数です．1 つ目の引数でサンプリング結果が格納されたオブジェクト `fit` を指定しています．`pars` ではグラフ化したいパラメータの変数名をベクトル形式 `c( )` で指定しています．`inc_warmup` はバーンインをグラフに含めるかどうかの指定です．`window` はサンプリング列の一部分をグラフ化する際に使用します．今回は 1～500 個目のバーンイン期間のみをグラフ化しています．`nrow` は図を何行で描画するかという指定です．`nrow=2` なので，`b[1]` と `s_rb` の 2 つのグラフが縦に並んで出力されます．

図 6.15 が `b[1]` のグラフです．4 本のサンプリング列が重ねてグラフ化されています．グラフの横軸は何回目のサンプリングかを表しています．4 本のうち 1 本のサンプリング列が 100 回を超えるあたりまで値が安定していません．これはこのあたりまで初期値の影響が残っているためです．今回のバーンインの設定は 500 なので，`b[1]` についてはバーンインの設定に問題がないことが分かります．

```
58  save(fit, file="mtop_fit.dat")
59  mcsample <- extract(fit, permuted=TRUE)
60  write.table(mcsample, file="mcsample.txt", sep="\t",
        quote=FALSE, col.names=NA)
```

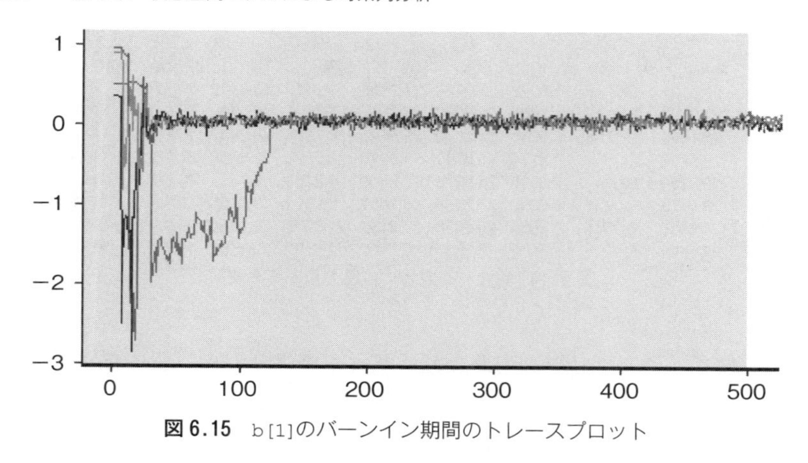

図 6.15　b[1]のバーンイン期間のトレースプロット

モデルが確定したらサンプリング結果が格納されたオブジェクト fit を保存しておきます（58 行目）．"mtop_fit.dat" は保存するファイル名です．サンプリング結果を保存しておけば，R を再起動した後でも load("mtop_fit.dat")というスクリプトでサンプリング結果を再度読み込むことができます．また，エクセルで各パラメータのサンプリング列をグラフ化したり統計量を計算したいという場合には，サンプリング列を fit から取り出して保存しておきます．59 行目の extract で fit からサンプリング列を取り出しています．permuted=TRUE でバーンイン後の 4 つのサンプリング列を 1 つにつなげることを指定しています．60 行目では，取り出したサンプリング列を mcsample.txt というタブ区切りのテキストファイルに出力しています．

■　状態空間モデルのまとめ

本章のポイントは，時系列モデルでは時点間の関係をモデルで表現する必要があり，それを柔軟に表現できるのが状態空間モデルだということです．時間とともに変化するパラメータをモデルに導入できるので，「マーケティング施策の効果の変化を定量化する」というような実務的な課題にも対応することができます．

一方で，時系列データの実質的なデータ数（観測時点数）は通常は大きくなく，データに含まれている情報量は限られているということには注意が必要です．例えば，3 年分の週次の売上データの時点数は 150 時点程度ですし，毎年同じ時期に同じようなマーケティング施策を実施している場合には，その時期の売上げがマーケティング施策によるものなのか，それとも季節性によるものなのかを判別することはできません．実験計画的なデータデザインができるアンケート調査よりも，慎重な解釈が必要だということです．

◆先験的な事前分布の活用◆

ベイズ推定のメリットの1つは，既存の理論を事前分布で表現して，分析結果に反映させることができるということです．例えば，以下のようなケースで先験的な事前分布を活用することができます．

1. 偏回帰係数の値の範囲の制御

ビジネスのデータ解析では，解析結果が関係者に納得されることがとても重要です．解析結果が納得されなければ解析結果にもとづく提案が実行に移されることはないからです．

多くの人材と多額の予算を投資したのに効果がかえってマイナスになるという結論はなかなか受け入れられません．最低でも効果がゼロであってほしいものです．また，値上げをすれば売上げが上がるという予測も信用されないでしょう．そのようなケースでは，事前分布を工夫することで事後分布の値の範囲を決めることができます．

2. 分散が負になる不適解の回避

因子分析では観測変数の分散を共通因子の分散と独自因子の分散に分解しますが，因子の抽出を最尤法で行うと，独自因子の分散が負になることがあります．分散の値が負になることはありえないのでこれは不適解です（ヘイウッドケースと呼ばれます）．ヘイウッドケースの場合，統計分析パッケージによってはパラメータの推定値が出力されません．ベイズ推定では独自因子の分散の事前分布を適切に設定することで，ヘイウッドケースを避けることができます．

以上の2つのケースのように，強制的に事後分布のパラメータの範囲を制限したい場合には，その範囲以外の値の確率が0になるように事前分布を設定します．具体的には，切断正規分布や一様分布などを利用することがあります．

第7章

Rによる行列とベクトルの計算

本章では行列とベクトルの計算を解説するとともにRとStanでの扱いの違いについて述べます．

行列とベクトルは統計学で重要な役割を果たします．たとえば多変量正規分布を記述するには行列とベクトルは不可欠です．またStan内でのモデル記述に行列とベクトルを使うことでシミュレーションのスピードが大幅に上がります．

けれども行列とベクトルの演算規則とRのコードをマニュアル的に羅列しても退屈なだけでしょう．そこで，ここでは7.1節で具体的な利用場面をあげることからスタートします．その方が行列とベクトルの実務的な価値が理解できると思うからです．

本章で取り上げた分析データは大部分が手計算できるくらいの小さいデータです．しかしだからといってRのコード内に分析事例のデータを書き込むことも，またR内で分析データを人工的に発生させることもしませんでした[1)]．

その理由はビジネスの実務では，外部データを分析できることが大事だからです．そのため，本章ではRStudioというR言語の開発環境を利用して外部のデータファイルをRに読み込む手順を丁寧に説明します．

次に行列とベクトルを使って重回帰分析を実行します．重回帰分析はExcelでも実行できるし，Rの関数でも簡単に答えが出せます．けれども，本章ではそういう人任せの処理に頼るのではなく，自分自身で計算過程を追ってもらいたいのです．そのような体験をすれば，統計プログラムがコンピュータの内部

1）1から1000まで順に並んだ整数などという観測データは実務には出てきません．

でどんな処理をしているのかが分かってくると思うからです．

7.1 売上データの分析

■ データを行列，ベクトルとして理解する

表7.1は移動販売のアイスキャンディー屋さんの日別売上げに関する架空のデータです．表7.1でグレーの色を付けたテーブル全体が行列であり，行列の各列がベクトルです．具体的に行列とベクトルを書き出したのが（7.1）式です．データはすべて実数です．

$$\boldsymbol{D}=\begin{bmatrix} 3.75 & 31 & 7 \\ 3.65 & 33 & 5 \\ 3.45 & 30 & 3 \\ 3.35 & 29 & 4 \\ 3.05 & 27 & 6 \end{bmatrix},\quad \boldsymbol{a}=\begin{bmatrix} 3.75 \\ 3.65 \\ 3.45 \\ 3.35 \\ 3.05 \end{bmatrix},\quad \boldsymbol{b}=\begin{bmatrix} 31 \\ 33 \\ 30 \\ 29 \\ 27 \end{bmatrix},\quad \boldsymbol{c}=\begin{bmatrix} 7 \\ 5 \\ 3 \\ 4 \\ 6 \end{bmatrix} \tag{7.1}$$

一般に行列はボールド体のアルファベット大文字で表します．（7.1）式の $\boldsymbol{D}$ はDataの頭文字のつもりで使いましたが，$\boldsymbol{X}$ や $\boldsymbol{Y}$ など好きな名前を付けて構いません．行列のサイズは n 行 m 列とか $n\times m$ というように行数×列数で表現します．（7.1）式の行列は5行3列，あるいは5×3の行列といいます．（7.1）式の $\boldsymbol{D}$ は多数の変数について測定データを並べたものなので「多変量データ行列」とも呼ばれます．

次に実数を1列に並べた配列をベクトルといって，一般にボールド体のアルファベット小文字で表します．とくにことわらない限り，ベクトルは（7.1）

表7.1 アイスキャンディーの売上データ

売上高（万円）	気温（℃）	業務時間
3.75	31	7
3.65	33	5
3.45	30	3
3.35	29	4
3.05	27	6

式のように縦に数値が並んだ列ベクトルを指します[2)]．この行列 $\boldsymbol{D}$ は，$\boldsymbol{a}, \boldsymbol{b}, \boldsymbol{c}$ という3つのベクトルを束ねたものなので，$\boldsymbol{D}=[\boldsymbol{a}, \boldsymbol{b}, \boldsymbol{c}]$ と書き表すこともできます．ベクトルの名称もユーザーが好きなように付けられます．

(7.1) 式の3つのベクトルは要素の数が5つなので5次のベクトルといいます．あるいはそれぞれが5行1列の行列であると見ることもできます．また3.75のような単一の数値のことをスカラーと呼びます．

■ 行列とベクトルの掛け算

掛け算の一般化の流れの中で行列とベクトルを位置付けてみましょう．図7.1を上から順に見ていけば，それぞれどういう計算をしているかが理解できると思います．

行ベクトル $\boldsymbol{a}'$ と列ベクトル $\boldsymbol{b}$ の積 $\boldsymbol{a}'\boldsymbol{b}$ を内積といって，記号では $(\boldsymbol{a}, \boldsymbol{b})$ のように表します．内積はスカラーです．内積を順次組み合わせて配列したのが行列とベクトルの積 $\boldsymbol{Ab}$ です．次に行列と行列の積の $\boldsymbol{AB}$ になり，さらに一

【計算例】

スカラー同士 ab	$5\times3=15$	スカラーの積
↓		
ベクトル同士 $(\boldsymbol{a}, \boldsymbol{b})=\boldsymbol{a}'\boldsymbol{b}$	$\begin{bmatrix}5 & 4 & 4\end{bmatrix}\begin{bmatrix}3\\-1\\-2\end{bmatrix}$ $=5\times3+4\times(-1)+4\times(-2)$ $=3$	ベクトルの内積
↓		
$\boldsymbol{a}$ を行列にする $\boldsymbol{Ab}$	$\begin{bmatrix}5 & 4 & 4\\6 & 5 & 4\end{bmatrix}\begin{bmatrix}3\\-1\\-2\end{bmatrix}=\begin{bmatrix}3\\5\end{bmatrix}$	行列とベクトルの積
↓		
$\boldsymbol{b}$ も行列にする $\boldsymbol{AB}$	$\begin{bmatrix}5 & 4 & 4\\6 & 5 & 4\end{bmatrix}\begin{bmatrix}3 & 4\\-1 & -1\\-2 & -3\end{bmatrix}=\begin{bmatrix}3 & 4\\5 & 7\end{bmatrix}$	行列と行列の積

図7.1　掛け算の一般化

2)　あえて行ベクトル [3.75　3.65　3.45　3.35　3.05] にしたければ $\boldsymbol{a}'$ と右肩にプライムを付けてベクトルを転置します．

般化すれば多数の行列の積 $\boldsymbol{ABCD}\cdots$ になります．もちろん掛け算をする以上，行数と列数が $n\times m, m\times r, r\times s, \cdots$ というように掛け算ができる行数×列数でつながっていなければなりません．もし行列のサイズに不都合があれば，R がエラーを教えてくれます．

■ R で分析を進める

表 7.1 に戻って，その日の気温と業務時間の情報からアイスキャンディーの売上高を予測しよう，というのが本節での分析のストーリーです．

表 7.1 が原データを記録した Excel のシートだとしましょう．まず変数名を sales, temp, time などに変えておきます．また罫線や網掛けのようなお飾りはすべてカットします．そして R の作業ディレクトリに CSV ファイルの形式で保存します．ファイル名は半角英数で付けてください．ここでは candy.csv と名付けました[3]．

■ データファイルから行列とベクトルを定義する

RStuio を起動してまずデータファイルを置いたディレクトリを作業ディレクトリに指定します．Ctrl+Shift+N を押して New プロジェクトを開始したのが図 7.2 の画面です．右上の環境パネルのインポート・データセットのタブをクリックして，さらに FromText のメニューをクリックして candy という名前のファイルを選びます．RStudio が実際にしているのは下記のような処理なのですが，ユーザーはこれらのスクリプトを入力する必要はありません．RStudio のメニューをクリックするだけでインポートが済みます．

```
library(readr)
candy <- read_csv("D:/Rdata/Appendix/candy.csv")
View(candy)
```

次に基準変数のベクトル $\boldsymbol{y}$，説明変数の行列 $\boldsymbol{X}$ を作るために，RStudio 左上のスクリプト・パネルに R のコードを次のように入力します．ファイル名，変数名には半角英数の文字を使ってもらいますが，# の右には日本語で説明文を書き込めます．ここでは漢字を使っても構いません．

---

3) ここでは汎用性のある CSV ファイルにしましたが，RStudio を使えば Excel ファイルから直接インポートできます．ただし Excel のバージョンによっては対応しません．

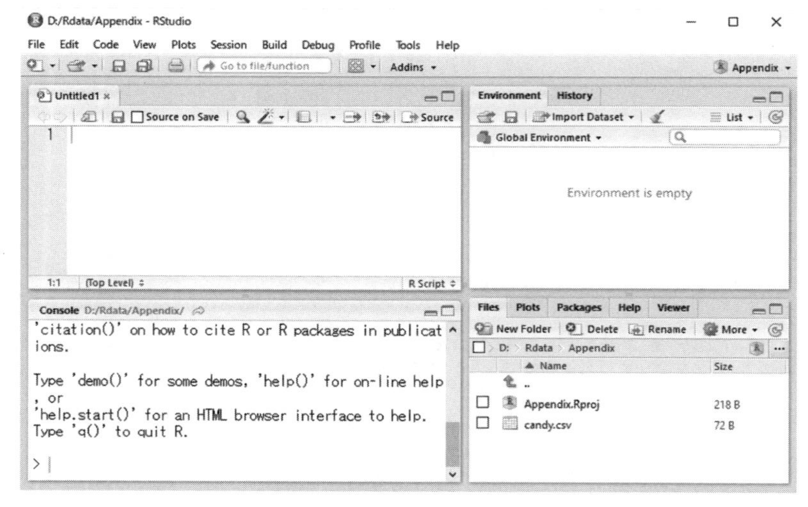

図 7.2　RStudio の画面

```
candy0 <- scale(candy, center=T, scale=F)  # 平均偏差行列を作る
y <- candy0[,"sales"]                      # 基準変数のベクトル
X <- candy0[,2:3]                          # 説明変数の行列を用意する
```

上のスクリプトでは1行目で scale という関数を使ってデータを平均偏差化しています．この行のどこかにカーソルがあるタイミングで［⇒ Run］と書かれたボタンをクリックすると，次のような内容の candy0 が作られます．

```
      sales temp time
[1,]    0.3    1    2
[2,]    0.2    3    0
[3,]    0.0    0   -2
[4,]   -0.1   -1   -1
[5,]   -0.4   -3    1
```

candy 自体はデータフレームと呼ばれるリストでしたが，それに scale という関数を適用することで candy0 という名前の行列が作られます．scale 関数の引数で，center=T は平均を0にしろという命令です．引数の scale

は分散を1にする（TRUE）か，否か（FALSE）を指定するものです．ここでは平均偏差化するだけなのでFALSEを指定します．FALSEの省略形がFです4)．

Rのスクリプトの2番目と3番目の行で分析に必要なベクトルと行列を用意しています．ここでベクトルには小文字のy，行列には大文字のXを使いました．この記法はRの規則ではありません．ユーザー自身が行列かベクトルかを忘れないようにするための工夫です．candy0[,"sales"]の引数の意味は，candy0という行列から，行については無指定で，列がsalesというラベルのついたデータを選んでベクトルを作れ，という意味です．ですから[ ]内の最初の , を書く指定がとても大切です．その次の

```
X <- candy0[,2:3]
```

という命令はcandy0という行列の2列目から3列目までを選んで行列$\boldsymbol{X}$を作れ，という命令です．ここでも行については無指定なので[, と書いたのです．

なおこの指定法は説明変数が連続して並んでいなければ使えません．もし多変数の中からユーザーが説明変数を任意に選んで配列したい場合は

```
X <- candy0[,c("temp","time")]
```

と書きます．そうすれば，もともとの原データの配列がどうであってもユーザーは思い通りに変数を選んで説明変数行列を作れます．

$\boldsymbol{X}$と$\boldsymbol{y}$の内訳はRStudioのコンソール（左下のパネルのこと）でそれぞれXとyと入力すれば確認できます．ここでyと入力すると

```
[1]  0.3  0.2  0.0  -0.1  -0.4
```

と出力されます．$\boldsymbol{y}$が行ベクトルに変換されたのかと心配になるかもしれませんが，R内ではちゃんと列ベクトルのまま扱っていますので安心してください．

ここで行列のサイズについて注意すれば，前頁のスクリプトは5行3列の行列に限られるものではなく，原データが10000行×5000列の大規模データだったとしても，書き方は変わりません．行列とベクトルを使えば，記述がシンプルになることが分かると思います．

---

4) Rでは不偏分散が1になるように標準化します．それでよい場合だけscale=Tを使うべきです．不偏分散の説明は後の（7.12）式のところでします．

■ 偏回帰係数を推定する

今，R内でどこまで処理が進んだのかを整理しますと，基準変数のベクトル $\boldsymbol{y}$ と説明変数の行列 $\boldsymbol{X}$ がそれぞれ次のように作られたところです．

$$\boldsymbol{y}=\begin{bmatrix} 0.3 \\ 0.2 \\ 0.0 \\ -0.1 \\ -0.4 \end{bmatrix}, \qquad \boldsymbol{X}=\begin{bmatrix} 1 & 2 \\ 3 & 0 \\ 0 & -2 \\ -1 & -1 \\ -3 & 1 \end{bmatrix} \tag{7.2}$$

一方，**重回帰分析**のモデルでは予測ベクトル $\hat{\boldsymbol{y}}$ と予測の誤差ベクトル $\boldsymbol{e}$ を次のように定義します．(7.3) 式の $\boldsymbol{Xb}$ とは図7.1の掛け算のところで説明した「行列とベクトルの積」です．$\boldsymbol{e}$ はベクトルの引き算で定義されます．引き算の計算は後の (7.9) 式で具体的に確認します．

$$\hat{\boldsymbol{y}}=\boldsymbol{Xb}, \qquad \boldsymbol{e}=\boldsymbol{y}-\hat{\boldsymbol{y}} \tag{7.3}$$

(7.2)，(7.3) 式における未知数は $\boldsymbol{b}$ だけで，残りはすべてデータから確定します．ベクトル $\boldsymbol{b}$ は各説明変数に掛けられる重み係数を意味するもので，重回帰分析の文脈では偏回帰係数と呼ばれます．表7.1の例では説明変数は2つでしたから，具体的には (7.4) 式が推定できればよい，というのが重回帰分析の問題です．

$$\boldsymbol{b}=\begin{bmatrix} b_1 \\ b_2 \end{bmatrix} \tag{7.4}$$

偏回帰係数を推定するにはいくつかの方法があります．よく知られているのが誤差の二乗和を最小にする**最小二乗法**です．誤差の二乗和とはベクトル $\boldsymbol{e}$ 自身の内積を意味します．

$$Q=(\boldsymbol{e},\boldsymbol{e})=(e_1 \quad e_2 \quad e_3 \quad e_4 \quad e_5)\begin{pmatrix} e_1 \\ e_2 \\ e_3 \\ e_4 \\ e_5 \end{pmatrix}=e_1^2+e_2^2+e_3^2+e_4^2+e_5^2 \tag{7.5}$$

最小二乗法による $\boldsymbol{b}$ の推定式は (7.6) 式の通りになります．

$$\boldsymbol{b}=(\boldsymbol{X}'\boldsymbol{X})^{-1}\boldsymbol{X}'\boldsymbol{y} \tag{7.6}$$

関数の最小値を求めるには関数の偏微分を使います．しかし偏微分の解説には数式の展開が必要になるのでやめておきましょう．本章では（7.6）式を導くロジックとして射影行列を使うことにします．射影行列については7.3節で解説します．

さて，（7.6）式にある $\boldsymbol{X}'$ のプライム（$'$）記号は「転置」といって行列 $\boldsymbol{X}$ を縦横ひっくり返す操作を意味します．次に $(\ )^{-1}$ はカッコ内の行列の**逆行列**を示す記号です．逆行列というのは，行数と列数が等しい正方行列 $\boldsymbol{A}$ に対応して

$$\boldsymbol{A}^{-1}\boldsymbol{A}=\boldsymbol{I}$$

が成り立つような正方行列 $\boldsymbol{A}^{-1}$ を指します．$\boldsymbol{I}$ は単位行列です[5]．

さて，あらためて（7.6）式を見直しますと，右辺はすべてデータが分かっています．ですから逆行列さえ求められれば，あとは掛け算だけで偏回帰係数が推定できるのです．（7.6）式をそのまま書き写したのが次のRコードです．

```
b <- solve(t(X)%*%X)%*%t(X)%*%y
```

`solve( )` という関数はカッコ内の行列の逆行列を求める関数です．また，`t(X)` は $\boldsymbol{X}$ の転置行列を表します．`t` は transpose の略です．`%*%` という記号は行列やベクトルの掛け算を示す記号です．掛け算なのに`*`では駄目で `%*%` を使うというRのルールは気に入らないかもしれません．しかし，このルールさえ我慢すれば，それ以外は（7.6）式を素直に書き下すだけでコーディングが済みます．

スクリプト・パネルで［⇒ Run］のボタンを押してからコンソールパネルで `b` と入力すると

$$\boldsymbol{b}=\begin{bmatrix}0.11\\0.03\end{bmatrix}$$

であることが分かります．つまり重回帰分析によるアイスキャンディー屋さんの売上げの予測式は（7.7）式の通りです．$\hat{y}$ は y ハットと読みます．

$$\hat{y}=0.11\times temp+0.03\times time \tag{7.7}$$

---

5) この例での単位行列は $\boldsymbol{I}=\begin{bmatrix}1&0\\0&1\end{bmatrix}$ です．

気温が1℃上がれば，アイスキャンディーの売上げは1100円上がる，業務を1時間延長すれば売上げが300円増える，という意味です．売上高が万円単位だったので0.11は1100円に相当するのです．

ただし気を付けなければならないのは，(7.7) 式は分析データに平均偏差データを使った場合の予測式でした．そのため (7.7) 式の予測値の平均は0になってしまいます．そこで，表7.1の売上高の水準に戻すために y の平均値である $\bar{y}=3.45$ を「定数」として足す必要があります．それが (7.8) 式です．ここでも偏回帰係数は (7.7) と変わりません[6]．

$$\hat{\boldsymbol{y}}=\begin{bmatrix}3.45\\3.45\\3.45\\3.45\\3.45\end{bmatrix}+\begin{bmatrix}1&2\\3&0\\0&-2\\-1&-1\\-3&1\end{bmatrix}\begin{bmatrix}0.11\\0.03\end{bmatrix}=\begin{bmatrix}3.62\\3.78\\3.39\\3.31\\3.15\end{bmatrix} \tag{7.8}$$

さらに予測の誤差は (7.9) 式のように計算できます．(7.9) 式はベクトルの引き算です．ここでの $\boldsymbol{y}$ には表7.1の売上高 (sales) のデータを使いました．

$$\boldsymbol{e}=\boldsymbol{y}-\hat{\boldsymbol{y}}=\begin{bmatrix}3.75\\3.65\\3.45\\3.35\\3.05\end{bmatrix}-\begin{bmatrix}3.62\\3.78\\3.39\\3.31\\3.15\end{bmatrix}=\begin{bmatrix}0.13\\-0.13\\0.06\\0.04\\-0.10\end{bmatrix} \tag{7.9}$$

これで $\boldsymbol{y}$ の予測値と誤差という2つのベクトルが求められましたので，分析の一区切りということで，この2つのベクトルを追加したデータを外部ファイルに保存しておきましょう．

```
attach(candy)      # データフレーム candy の変数名を使えるようにする
yhat <- mean(sales)+X%*%b
error <- sales - yhat
candyresult <- data.frame(candy,yhat,error)
write.csv(candyresult, file = "output.csv" , row.names = F)
```

6)　重回帰分析には定数を0に固定する特殊なオプションがあります．その場合の偏回帰係数は (7.7) 式とは違ってきます．

このスクリプトの2行目は (7.8) 式を表しています[7]. また3行目は (7.9) 式を表しています. このように数式をそのまま書けばプログラムができます. この驚くほどの簡単さが行列とベクトルを使うメリットです.

スクリプトの4行目で candy のデータフレームに $\hat{\boldsymbol{y}}, \boldsymbol{e}$ を追加してから, 5行目でCSVファイルに結果を書き出します. write.csv( )の最初の引数ではRの世界のオブジェクトである candyresult を指定しています. 次にRの外部の世界でのファイル名としては output.csv という名前にしました. row.names = F は行番号である1〜5は書き出すなという指示です. すると現在の作業ディレクトリに output.csv が保存されます.

出力ファイルの内容を確認したければ RStudio の右下のパネルで Files タブ ⇒ output.csv とクリックして View File を選択するのが手早い方法です. 念のため Excel でファイルの種類を「テキストデータ」として output.csv を読み込んだのが図7.3です.

■ Rで相関係数を求める

重回帰分析の主な出力は, 偏回帰係数, 予測値, 誤差, 重相関係数, 決定係数です.

ここまで偏回帰係数, 予測値, 誤差が行列とベクトルの計算だけで求められることを確認してきました. これらすべての計算結果は, Rの関数 lm( ) あるいは Excel の「分析ツール⇒回帰分析」を用いた出力結果と一致します. も

	A	B	C	D	E
1	sales	temp	time	yhat	error
2	3.75	31	7	3.62	0.13
3	3.65	33	5	3.78	-0.13
4	3.45	30	3	3.39	0.06
5	3.35	29	4	3.31	0.04
6	3.05	27	6	3.15	-0.1

図7.3 分析結果を保存したExcelのシート

7) mean(sales)+X%*%b はスカラーとベクトルの和なので数学的には誤りです. Rではこのような場合, どちらも同じ次数のベクトルだと読み替えて (7.8) 式の計算をしてくれます.

ちろん相関係数もベクトルの内積で求められるのですが，それは次の節で述べることにして，とりあえずここではRの関数を使って相関係数を求めましょう．

表7.1の数値例の気温と業務時間の相関係数および売上高とその予測値の相関係数を求めるRのスクリプトは次の通りです．

```
r23 <- cor(temp,time)  # 説明変数間の相関係数
r <- cor(y,yhat)       # 重相関係数
determ <- r^2          # 決定係数 coefficient of determination
```

説明変数間の相関係数 r23 は0だったことが分かります．また売上高の実績値と予測値の相関係数は0.915でした．この係数は重回帰分析では重相関係数と呼ばれます．また重相関係数を二乗した数値は決定係数といって0.837であることが分かります．

本節でのRの実習によって，読者は多くの経験を得たのではないでしょうか．人によっては統計プログラムがしている計算は大したものではないことに驚いたかもしれません．もし読者が統計プログラムは恐ろしいほど複雑怪奇な処理をしていると思っていたら，その畏敬の念は消え去ってしまったかもしれません．

7.2　統計分析と行列・ベクトル

■ ベクトルの内積と距離

ベクトルの内積は線形代数の基本的な概念なので，もう一度確認しつつRのコードと対照させましょう．

まず次のベクトル $\boldsymbol{a}$ と $\boldsymbol{b}$ の内積を求めますと

$$(\boldsymbol{a}, \boldsymbol{b}) = \boldsymbol{a}'\boldsymbol{b} = (3 \quad 4)\begin{pmatrix} -3 \\ 4 \end{pmatrix} = 3 \times (-3) + 4 \times 4 = 7$$

この計算と対応するRのコードは次の通りです．

```
a <- c(3,4)
b <- c(-3,4)
t(a) %*% b          # ベクトルの内積
```

ベクトルの内積を計算するために，転置の命令 `t( )` とベクトルの積を表す `%*%` を使っています．この計算結果は行列の形式で出力されます．このことは内積はスカラーであると同時に 1 行 1 列の行列でもあることを意味しています．

```
      [,1]
[1,]   7
```

本来は上記コードのように `t(a)` と書くべきですが，R では `a%*%b` と書いても同じ計算結果を出します．なぜなら，R は 2 つのベクトルの積が出てくると左側は行ベクトルに違いないと都合よく解釈してくれるからです．

次にベクトル $\boldsymbol{a}$ 自身の内積の平方根を求めてみましょう．

$$\|\boldsymbol{a}\| = \sqrt{\boldsymbol{a}'\boldsymbol{a}} = \sqrt{(3 \quad 4)\begin{pmatrix} 3 \\ 4 \end{pmatrix}} = \sqrt{9+16} = 5 \tag{7.10}$$

ここでは平方根を計算する関数 `sqrt( )` を用いて次のように結果を出します．

```
sqrt(t(a)%*%a)
      [,1]
[1,]    5
```

(7.10) 式の数値は**ノルム**と呼ばれるもので，空間の原点 (0,0) からベクトルの先端までの距離，つまりベクトルの長さを表します．ベクトル $\boldsymbol{a}$ の次数[8] はいくつでもよいのですが，この数値例では 2 次元の座標値を表します．そして $\boldsymbol{a}$ の先端の「点」と座標値は，1 対 1 に対応していますから同じものを指します．図 7.4 を見ればこのベクトルの長さが 5 であることが分かるでしょう．ノルムはピタゴラスの定理（または 3 平方の定理）でいう直角三角形の斜辺の長さを表します．ただベクトルは何次であってもそのノルムはベクトルの内積を使って定義されます．ですからノルムは平面幾何学における距離を一般化した概念なのです．

では，本節の $\boldsymbol{a}$ と $\boldsymbol{b}$ の間の距離 d はどう求めればよいかというと，(7.11) 式のようにこれも内積を使って表すことができます．この距離 d は，ユークリッド距離と呼ばれるスカラーです．(7.11) 式では $(\boldsymbol{a}-\boldsymbol{b})$ という同じベクト

8) ベクトルの要素の数を次数といいます．図 7.4 の $\boldsymbol{a}$ の次数は 2 です．

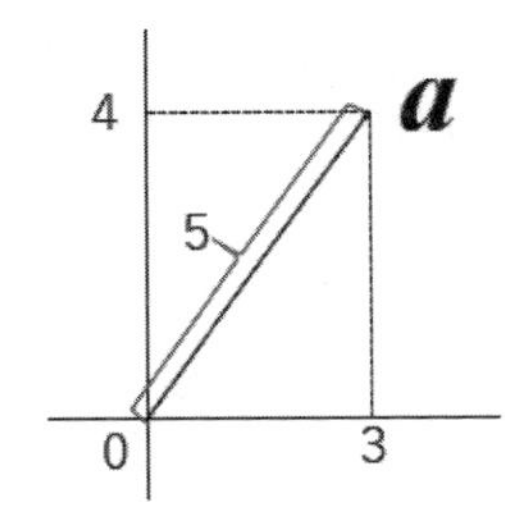

図 7.4　原点からの距離

ル自身について内積をとっていることに注意してください．

$$d = \|\boldsymbol{a} - \boldsymbol{b}\| = \sqrt{(\boldsymbol{a} - \boldsymbol{b})'(\boldsymbol{a} - \boldsymbol{b})} \tag{7.11}$$

この定義式通りにRでコード化すれば2点間の距離 d が求められます．

```
d <- sqrt(t(a-b)%*%(a-b))
     [,1]
[1,]  6
```

このコードでは距離を d という変数に代入しましたので，このままでは d の値が分かりません．コンソールに出力するには

```
d <- sqrt(t(a-b)%*%(a-b));d
```

というようにセミコロンで区切ってもう一度 d を書くか

```
(d <- sqrt(t(a-b)%*%(a-b)))
```

というように，コードの両端を(　)でくくることで，計算結果をコンソールに出力することができます．あるいはコンソールに d と入力しても構いません．図 7.5 を見ればなぜ $d=6$ になるかは明らかでしょう．

ここで述べた距離は，数学にしか用がない抽象概念のように思われたかもしれません．けれども距離は，顧客と顧客，ブランドとブランド，そして企業と企業の距離を測って，マーケット・セグメンテーションをするための根拠を与えるものです．

例えばトヨタと日産とホンダの距離を比べて，どの2社がイメージが類似していると思われているかを数値で論じたければ，点間距離を測る必要があるのです．

マーケティングと距離には深い関わりがあります．例えばマーケティングではクラスター分析を長年にわたって標準的なツールとして使ってきましたが，

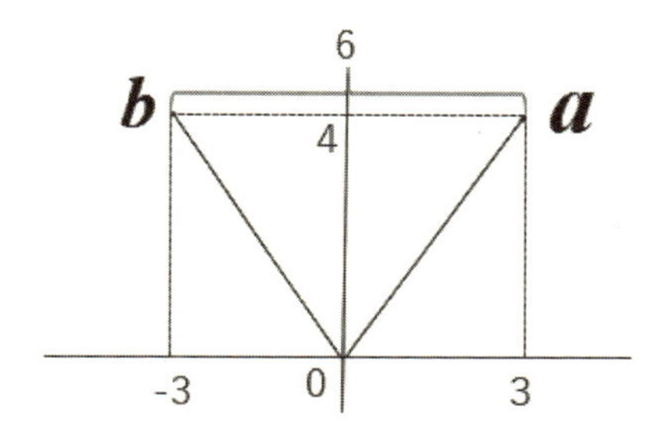

図 7.5 2点 $\boldsymbol{a}, \boldsymbol{b}$ 間の距離

そのクラスター分析の根拠としては，多くの場合（7.11）式の形で2つのベクトルの距離を測っていたのだ，という本質を理解してください．距離がマイナスの値をとらない性質は（7.11）式が保証しているのです[9]．

■ 特殊な行列とベクトル

行列とベクトルには特殊なタイプのものがあります．行数と列数が等しい行列を正方行列といいますが，正方行列の中でも主対角要素に何らかの実数が入り，それ以外はすべて0の行列を**対角行列**と呼びます．ベイズ統計学でも対角行列がよく現れます．例えば $\boldsymbol{V}$ が対角行列だったとすると，その逆行列は主対角要素をその逆数に置き換えることで簡単に求められます．

$$\boldsymbol{V}=\begin{bmatrix} 2 & 0 & 0 \\ 0 & 10 & 0 \\ 0 & 0 & 5 \end{bmatrix} \quad \Rightarrow \quad \boldsymbol{V}^{-1}=\begin{bmatrix} 1/2 & 0 & 0 \\ 0 & 1/10 & 0 \\ 0 & 0 & 1/5 \end{bmatrix}$$

このような対角行列の例は5章の多変量正規分布の箇所に出てきます．

対角行列の中でも主対角要素が1で残りが0の対角行列を単位行列と呼びます．単位行列の大きさを明示したい場合は行数を $\boldsymbol{I}_3$ のように添字で表します．ことわる必要がなければ添字は書きません．

Rのコードでは `diag(3)` によって下記の左の単位行列が作られます．右は要素を1とするベクトルで `rep(1,3)` で作られます．

9) 別に難しい話ではなく，二乗和をとっているのでマイナスにならないのです．

$$I_3=\begin{bmatrix}1&0&0\\0&1&0\\0&0&1\end{bmatrix},\qquad \mathbf{1}=\begin{bmatrix}1\\1\\1\end{bmatrix}$$

そのほか，要素がすべて0の行列とベクトルをそれぞれゼロ行列，ゼロベクトルといいます．下記左は diag(0,3,4)，右は rep(0,3) で作ることができます．ゼロ行列の場合は行数と列数が一致していない行列もゼロ行列といいます．

$$O=\begin{bmatrix}0&0&0&0\\0&0&0&0\\0&0&0&0\end{bmatrix},\qquad \mathbf{0}=\begin{bmatrix}0\\0\\0\end{bmatrix}$$

■　行列を使った計算

次に行列 E と F を使って行列の計算法を紹介しましょう．

$$E=\begin{bmatrix}1&4\\2&5\\3&6\end{bmatrix},\qquad F=\begin{bmatrix}0&2\\1&3\end{bmatrix}$$

積はベクトルと同じように，%*% を用いて E%*%F と書けば計算できます．

$$\begin{bmatrix}1&4\\2&5\\3&6\end{bmatrix}\begin{bmatrix}0&2\\1&3\end{bmatrix}=\begin{bmatrix}4&14\\5&19\\6&24\end{bmatrix}$$

次に逆行列と行列式の演算法を紹介します．まず**逆行列**は上記の正方行列 F に対し，solve(F) という関数で求められます[10]．本当に逆行列なのかどうかは F%*%(solve(F)) という計算で単位行列になるかどうかで確かめることができます．

$$F^{-1}=\begin{bmatrix}-1.5&1\\0.5&0\end{bmatrix},\qquad FF^{-1}=\begin{bmatrix}1&0\\0&1\end{bmatrix}$$

また行列式は det(F) で求めることができます[11]．

```
det(F)=0×3-2×1=-2
```

---

10)　R が逆行列（inverse）の関数名に solve を使った理由は，かつて連立方程式を「解く」目的で逆行列が用いられたという歴史的ないきさつによるものです．

11)　逆行列も行列式も常に求められるとは限りません．ですから計算してエラーが出たら，それは行列に具合の悪いところがあったからです．詳しい説明は省きます．

と出力されます．

■ 分散共分散行列と相関係数

平均偏差化された変数 $\boldsymbol{x}_1, \boldsymbol{x}_2$ の共分散はベクトルの内積を使って

$$\sigma_{12}=\frac{1}{n}(\boldsymbol{x}_1, \boldsymbol{x}_2)$$

同じくベクトルの内積をそれぞれのノルムで割ることで相関係数が

$$r_{12}=\frac{(\boldsymbol{x}_1, \boldsymbol{x}_2)}{\|\boldsymbol{x}_1\|\|\boldsymbol{x}_2\|}$$

で定義されます．もちろん定義式通りに計算すればそれぞれの数値が求められます．ただしこのように統計指標を 1 個ずつ計算するのは面倒です．そこで，多変数の総組み合わせについて一気に計算することを考えましょう．大は小を兼ねるからです．そのためには行列を使えばよいのです．

最初に分散共分散行列を導きます．前節の（7.2）式で平均偏差化された行列 $\boldsymbol{X}$ がすでに準備されていたので，それを使います．そのほかに利用する関数として行列 $\boldsymbol{X}$ の行サイズを計る `nrow` という関数があります．`nrow(X)` は行列 $\boldsymbol{X}$ の行数をカウントする関数です．

```
(n <- nrow(X))
(Cxx <- (1/n)*t(X)%*%X)
```

すると $n=5$ として次のような分散共分散行列が出力されます．

```
      temp time
 temp    4    0
 time    0    2
```

具体的にどう計算したのかを確認しますと[12)]

$$\boldsymbol{C}_{XX}=\frac{1}{n}\boldsymbol{X}'\boldsymbol{X}=\frac{1}{5}\begin{bmatrix}1 & 3 & 0 & -1 & -3\\ 2 & 0 & -2 & -1 & 1\end{bmatrix}\begin{bmatrix}1 & 2\\ 3 & 0\\ 0 & -2\\ -1 & -1\\ -3 & 1\end{bmatrix}=\begin{bmatrix}4 & 0\\ 0 & 2\end{bmatrix} \quad (7.12)$$

12）　分散共分散行列には $\boldsymbol{C}_{XX}$ と同じ意味で $\boldsymbol{V}$ という記号も使います．

(7.12) 式の右辺の主対角要素には分散の値が入り，主対角以外の要素には共分散の値が入ります．ですから気温の分散は4で業務時間の分散は2で，2変数の共分散は0であることが分かります．なお推測統計学という分野では，(7.12) 式では n ではなく $n-1$ で割って不偏分散を推定します．それに対して本節では記述的なデータ解析の立場から n で割っています．Rはデフォルトで不偏分散にもとづく標準偏差を計算するので，本節の計算とは値が違ってきます．先ほどのスクリプトで $1/n$ を $1/(n-1)$ に直せば不偏分散の推定値が得られます．

さて次に相関係数行列ですが，次のように計算できます．

$$\boldsymbol{Z}=\boldsymbol{X}\boldsymbol{S}^{-1}, \qquad \boldsymbol{R}=\frac{1}{n}\boldsymbol{Z}'\boldsymbol{Z} \tag{7.13}$$

ここで $\boldsymbol{S}$ は各変数の標準偏差を主対角要素にした対角行列です．

```
# 標準化データ行列 Z を作って相関係数行列を導く
S <- diag (sqrt(diag(Cxx)))  # 標準偏差の対角行列
Z <- X %*% solve(S)     # 標準化データ行列
R <- (t(Z) %*% Z)/n     # 相関係数行列
```

2行目のスクリプトがトリッキーですが，一番内側の( )のdiag(Cxx)が分散共分散行列の主対角要素を選んでベクトルに変えてしまうので，その平行根をとった後でdiagをもう1回使って，ベクトルを対角行列に戻しているのです．最終的にSは次のように出力されます．

```
     [,1]     [,2]
[1,]    2 0.000000
[2,]    0 1.414214
```

Zは

```
     [,1]       [,2]
[1,]  0.5  1.4142136
[2,]  1.5  0.0000000
[3,]  0.0 -1.4142136
[4,] -0.5 -0.7071068
[5,] -1.5  0.7071068
```

になります．気温と業務時間の相関係数行列は次のように求められます．

$$\boldsymbol{R}=\begin{bmatrix}1 & 0\\0 & 1\end{bmatrix}$$

行列の掛け算を使えば，多変数について分散と共分散と相関係数が一気に求められます．大した問題ではないように思われるかもしれませんが，変数の数が2ではなく500だったらどうでしょう．500変数から2変数をとる組み合わせ（なんと12万以上！）について計算式を記述するのは大変な苦労です．変数の数にかかわらず（7.12)，(7.13）式で一度に計算できるスピード感を理解してください．

7.3　射影行列

■　最小二乗法と同等のアプローチ

ここでは射影行列を使って重回帰分析の解を導きましょう．説明変数の行列 $\boldsymbol{X}$ を使って作られる[13] 線形部分空間 $S(\boldsymbol{X})$ にベクトル $\boldsymbol{y}$ を射影して，$S(\boldsymbol{X})$ 内で $\boldsymbol{y}$ に最も近い $\hat{\boldsymbol{y}}$ を定めるというアプローチです．

絵で見た方が分かりやすいでしょう．図7.6をご覧ください．7.1節（7.3）式の　$\hat{\boldsymbol{y}}=\boldsymbol{X}\boldsymbol{b}$ でウェイトベクトル $\boldsymbol{b}$ を任意の実数とすれば，$\hat{\boldsymbol{y}}$ が自由に動き回れる空間が $S(\boldsymbol{X})$ です．その中で $\boldsymbol{y}$ に一番近い予測値 $\hat{\boldsymbol{y}}$ は，$\boldsymbol{y}$ から $\boldsymbol{S}(\boldsymbol{X})$ に垂線を下ろしたものだ，というだけの話です．誤差のベクトルは（7.9）式通り $\boldsymbol{e}=\boldsymbol{y}-\hat{\boldsymbol{y}}$ です．$\boldsymbol{e}$ のノルムは $\boldsymbol{y}$ と $\hat{\boldsymbol{y}}$ の距離です．垂線を下ろすということは $\boldsymbol{e}$ と $\hat{\boldsymbol{y}}$ が直角になるということです[14]．

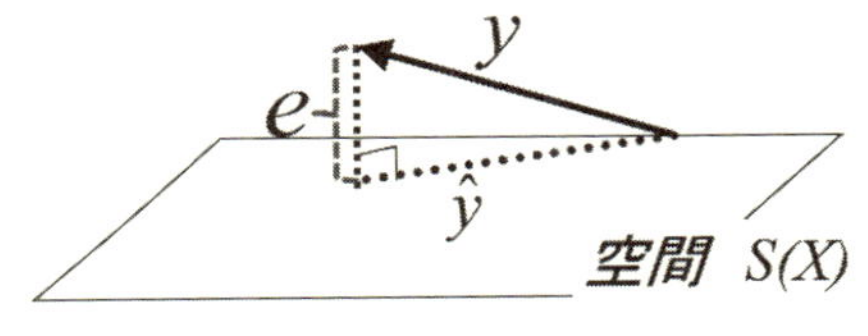

図7.6　射影のイメージ

13)　正しくは作られるではなく $\boldsymbol{X}$ のベクトルによって張られる，という表現をします．

14)　図形の直角を線形代数でいえば，内積 $(\boldsymbol{e}, \hat{\boldsymbol{y}})=0$ です．この時2つのベクトルは**直交**するといいます．

幾何学的にいえば，任意のベクトルに作用して $S(\boldsymbol{X})$ にポトンと下ろす行列が射影子です．その行列を具体的に定義したのが次の $\boldsymbol{\Pi}_X$ です．

$$\boldsymbol{\Pi}_X = \boldsymbol{X}(\boldsymbol{X}'\boldsymbol{X})^{-1}\boldsymbol{X}' \tag{7.14}$$

$$\hat{\boldsymbol{y}} = \boldsymbol{\Pi}_X \boldsymbol{y} \tag{7.15}$$

$\boldsymbol{e}$ のノルムが最小である時の $\hat{\boldsymbol{y}}$ は（7.3）式と等しいので

$$\hat{\boldsymbol{y}} = \boldsymbol{X}(\boldsymbol{X}'\boldsymbol{X})^{-1}\boldsymbol{X}'\boldsymbol{y} = \boldsymbol{X}\boldsymbol{b} \tag{7.16}$$

（7.16）式の2番目の式と3番目の式を見比べることで，偏回帰係数は

$$\boldsymbol{b} = (\boldsymbol{X}'\boldsymbol{X})^{-1}\boldsymbol{X}'\boldsymbol{y} \tag{7.17}$$

であることが分かります．（7.6）式と同じになりますね．内積 $(\boldsymbol{e}, \boldsymbol{e})$ を最小にするのが最小二乗法でしたが，内積の最小化とノルムの最小化は目標としては同じです．前者が最小になったときに後者も最小になるからです．

■　立体模型を想像して納得する

本当に任意のベクトルの左から（7.14）式を掛けて変換することが任意のベクトルから $S(\boldsymbol{X})$ に垂線を下ろしたことを意味するのかが半信半疑かもしれません．そこで重回帰分析の問題を一時離れて立体模型の例で射影の意味をイメージしてもらいます．

2本のベクトル $\boldsymbol{x}_1, \boldsymbol{x}_2$ で図7.7のように底部の平面を定めます．

$\boldsymbol{X} = [\boldsymbol{x}_1, \boldsymbol{x}_2] = \begin{bmatrix} 1 & 0 \\ 0 & 1 \\ 0 & 0 \end{bmatrix}$ この平面に $\boldsymbol{y} = \begin{bmatrix} 3 \\ 4 \\ 2 \end{bmatrix}$ を射影すれば底部の平面上に $\hat{\boldsymbol{y}}$ が定まります．$\hat{\boldsymbol{y}}' = [3 \quad 4 \quad 0], \boldsymbol{b}' = [3 \quad 4]$ です．

このケースで射影行列を実際に計算すると次の通りです．

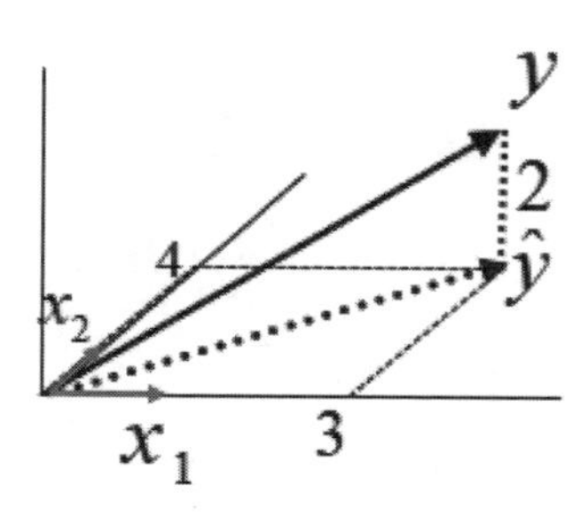

図7.7　立体模型のイメージ

$$\boldsymbol{\Pi}_X = \begin{bmatrix} 1 & 0 & 0 \\ 0 & 1 & 0 \\ 0 & 0 & 0 \end{bmatrix} \tag{7.15}$$

これは簡単な射影行列ですので，どのような3次の $\boldsymbol{y}$ に掛けても $\hat{\boldsymbol{y}}$ がどういうベクトルになるかは一目瞭然でしょう．図7.7はリンゴの木からリンゴを落としたら地面にリンゴが落ちた，というイメージで納得してもらえれば結構です．あるいは建物の立体図を平面図に射影する描画と同じです．

■ アイスキャンディーの売上げの予測

ところで，立体模型の話では原データにもとづいて図示したので，7.1節の重回帰分析の処理とは違うのではないかと思いませんでしたか？

実は，平均偏差データを対象として射影行列を使えば，7.1節と全く同じ予測値が求められます．そのためのRのスクリプトを書いておきます．

```
# 平均偏差データに射影行列を適用した場合
y <- candy0[,"sales"]       # 基準変数のベクトルを用意する
X <- candy0[,2:3]           # 説明変数の行列を用意する
attach(candy)
Px <- X%*%solve(t(X)%*%X)%*%t(X)   # 射影行列
y2hat <- mean(sales)+ Px %*% y     # 予測値は同じ
b2 <- solve(t(X)%*%X)%*%t(X)%*%y   # 偏回帰係数
```

7.4 R から Stan への行列とベクトルの受け渡し

■ Stan への情報の受け渡し

具体例にもとづいたRからStanへの情報の受け渡しについては3.3節で詳しく述べていますので，ここでは一般的な注意をまとめます．

Rで作成したデータをリストの形にまとめてStanに渡してMCMCを実行させるわけですが，その際，次のような注意が必要です．

①Rの中で行列やベクトルを定義済みだとしても，それはStanには理解できません．Stanの中であらためて何が行列で何がベクトルかを宣言しなければなりません．

②StanはRほど都合よく解釈してくれるプログラムではありません．Stanではデータが実数（real）なのか整数（int）なのか，配列のサイズはいくつなのか，もし変数に理論的な制約があるならきちんと宣言しなければいけません．

具体的には次のように書きます．

pが確率ならば$0 \leq p \leq 1$

```
real<lower=0,upper=1> p;
```

rが相関係数なら$-1 \leq r \leq 1$

```
real<lower=-1,upper=1> rho;
```

vが分散なら$0 \leq v$

```
real<lower=0> v;
```

③Stanの場合の行列とベクトルの区別は表7.2の通りです．配列の添字が2つなら行列で，1つならベクトルになります．つまり添字の数で区別するのです．Stanでは3相以上の多元配列も使えるのですが，事実上使いやすいのは行列とベクトルまでです．スカラーの定数あるいは変数には小文字を使うのが標準的です．

■　行列とベクトルのまとめ

7.1節に示した計算例を通じて，行列とベクトルを使えば簡単に，そして自由自在にデータ分析ができそうだという感触がつかめたでしょう．

もちろん既成の関数lm(　)やExcelの分析ツールを使えば計算結果は出てきます．ただしユーザーが既製品のソフトを使ってしまうと，既製品のソフト

表7.2　RとStanの文法の違い

	数学	R	Stan
ベクトル	$\boldsymbol{a}$	a	vector[N] a;
行列	$\boldsymbol{X}$	X	matrix[N,M] X;
掛け算	$\boldsymbol{XY}$	X%*%Y	X*Y;
相関行列	$\boldsymbol{R}=\frac{1}{n}\boldsymbol{Z}'\boldsymbol{Z}$	t(Z)%*%Z/n	corr_matrix
データ数	n	n	int<lower=0> n;

が一体何をしているのかがブラックボックスになってしまうのです．そこで，本章で述べたように自分のコントロールのもとで計算をすることの意味が出てきます．分析のディスクローズド化です．

それに読者が既製品ではあきたらず分析法を手直ししたい場合，そしてそもそも自分がやりたい分析法のソフトが世界に存在しない場合には，行列とベクトルを使ってプログラミングする必要性がでてきます．

最後に，ユーザーが行列とベクトルを利用することで得られるメリットを整理しましょう．

① 行列とベクトルを使えば多変量データとその分析モデルが簡潔に記述できます．簡潔であることはユーザーにとってとても大切なことです．

② R と行列・ベクトルの演算は親和性が高いので，行列とベクトルで記述できれば，それを R で実行することは容易です．

③ 統計学の初心者に評判が悪いのが Σ（シグマ）という総和記号です．この章を見れば分かるように総和記号は一切出てきませんでした．

◆R のベクトル至上主義◆

本章ではまず行列を基本的な出発点として，その一部を切り出すことでベクトルを導きました．表 7.1 に示した Excel シートは行列そのものです．Excel の各行はレコードといって営業年月日や商品あるいは顧客のような測定単位を指す場合が多く，また各列は測定変数の場合が多いので，Excel のシートを行列と同一視することには無理がありません．それに対して R の思想はベクトル至上主義です．

```
vec <-c(1:6, 12:7)
G <- matrix(vec, nrow=6, ncol=2)
H <- matrix(vec, nrow=3, ncol=4)
```

このコードから作られる行列 G は

```
      [,1] [,2]
[1,]    1   12
[2,]    2   11
[3,]    3   10
[4,]    4    9
[5,]    5    8
[6,]    6    7
```

一方行列 H は

```
       [,1] [,2] [,3] [,4]
  [1,]    1    4   12    9
  [2,]    2    5   11    8
  [3,]    3    6   10    7
```

世の中にはまずベクトルが存在し，そのベクトルを途中で折り返すことで行列が生まれる，というのがＲの考え方です．ではどこで折り返せばよいかが自明なのでしょうか．ビジネスの実務からすると，それは想像しづらいデータ状況です．

またＲにはベクトルを束ねて行列を作る cbind( )という関数があります．しかし，次数が等しいというだけの理由で異なるベクトルをくっつけても，各ベクトルの要素が同一の測定単位の順に並んでいなければ，無意味な行列ができるだけです．かりに形式的に n 行 m 列の行列ができたとしても，各行のセル間に対応がなければ相関係数を計算することも重回帰分析をすることも数字は出てきますが無意味です．

機械的に計算できるのにその計算出力が無意味だという理由は，上の２つの行列で変数間の相関係数を計算する状況を考えれば明らかでしょう．

G の第２変数と H の第２変数は同じ変数ではありません．グレーの色を付けた G の２行目のデータと H の２行目のデータはいずれも同じ人から得られたわけではありません．cbind( )を使う前提として，順番が等しい各セルが同一のレコードに属するという確たる証拠が必要です．

付　録

ベイジアンネットワークのビジネスへの応用

人工知能（AI），ビッグデータ，IoT（Internet of Things）といったキーワードが話題になりますが，それらの要素技術としてベイズ統計学に関心を持つ人も少なくないと思います．ここではビジネス分野においてベイズ統計学がどのように利用されているのか，事例を紹介しますので参考にしてください．

また「ベイズ」と一言でいっても，階層ベイズモデル，ベイズクラシファイアやナイーブベイズ，ベイジアンネットワーク，ベイジアンマイニング等々，「ベイズ」と名の付いたモデルや手法がたくさんあって混乱します．どのようなベイズのモデルや手法が，どういう目的で利用されているのでしょうか．

例えば，スパムメールのフィルタリングには「ベイズクラシファイア（ナイーブベイズ）」といわれる手法が使われています[1]．個体差といった変量効果を考慮した線形モデルの構築には「階層ベイズモデル」[2]が，レコメンデーションや変数間の構造把握にはベイジアンネットワーク[3]などが使われています．

ここではベイズと名の付く手法のうち，ベイジアンネットワークについて，そのビジネスへの応用を紹介していきます．

■　ベイジアンネットワークとは何か

ベイジアンネットワーク（BN）とはベイズの定理を利用し，観測された

1）朝野熙彦編著（2017）『ビジネスマンがはじめて学ぶベイズ統計学― Excel から R へステップアップ―』朝倉書店．
2）久保拓弥（2012）『データ解析のための統計モデリング入門』岩波書店．
3）本村陽一，岩崎弘利（2006）『ベイジアンネットワーク技術』東京電機大学出版局．

【原因】と【結果】といった変数から探索的に，因果関係を有向グラフ構造で表現する手法です．BN は，矢線の根元が【原因】で矢線の先が【結果】の変数として示されている各変数をつなぐネットワーク（図 1）と，各変数間の条件付き確率で構成されています．

BN では【原因】から【結果】を推定することはもちろん，【結果】から【原因】を推定することも可能です．例えば，ある商品の【結果：CV（コンバージョン)】と【原因：資料請求】の BN の場合（図 2)，全体での CV 率は 2% ですが，【資料請求】した顧客の事後確率は 6.5% にアップするといった計算が可能になります．また BN は，どの変数から推定を始めてもよいので，柔軟にモデルを活用することができます．

このように BN は変数間の関係性をグラフィカルに表現できるので，CV に至るまでの経路確認やシミュレーション（事象に割り当てられた確率を変化させる)，レコメンデーション（リマーケティング，消費者行動モデルの構築)，スパムメール対策，自動音声認識，医療診断，障害診断（コンピュータ・システム，プリンタ・複合機故障診断)，因果関係の推論を活用した商品設計といった形でマーケティングに利用されています．

BN のモデリングに際しては，変数が多すぎるとモデルが煩雑になってしまうので，ケースによっては事前知識（現場のノウハウ）を活用し，分析者が構造を決めることも重要になります．事前知識をネットワーク構造として導入し

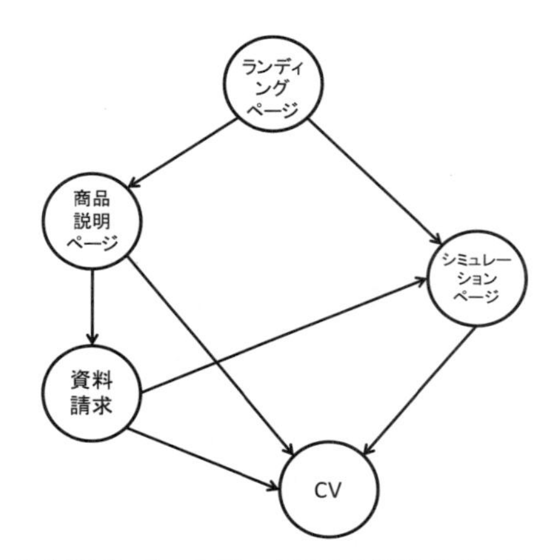

図 1　ベイジアンネットワークによる通販サイトの CV 経路

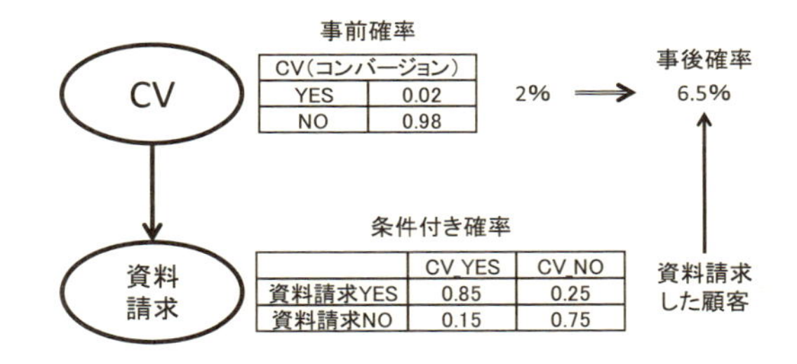

事後確率（資料請求をした顧客が「CV」する確率）の計算

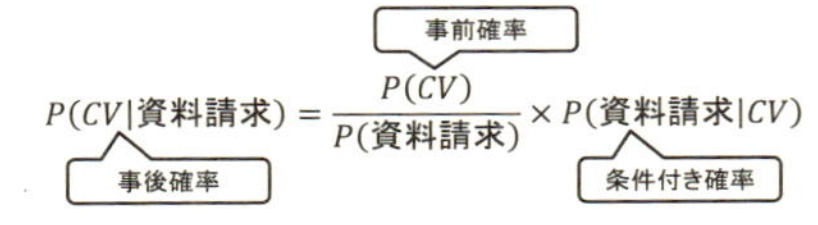

図 2　CV と資料請求のベイジアンネットワーク［逆推定の例］

た場合は，実データにもとづいて検証することも可能となります．また観測データだけではなく，潜在的なトピックをモデルに組み込むことも有用でしょう．以下では，BN を適応したケース（研究）を紹介していきます．

■　ビジネスへの応用

【事例 1】 ベイジアンネットワークを用いた消費者行動モデルの構築実験

村上知子，酢山明弘，折原良平（2004）人工知能学会全国大会（第 18 回）論文集，3F3-01（http://www-kasm.nii.ac.jp/jsai2004_schedule/pdf/000036.pdf）

商品企画・開発に携わる専門家の業務支援のため，観測できない人間の不確実な内部状態を考慮した消費者行動モデルを，ベイジアンネットワークを用いて構築しています．

村上らはモデリングに際し，消費者アンケートデータと商品企画の専門家が持つデータの因果関係を利用しています．構築されたベイジアンネットワークモデルは，6 個の消費者プロファイルに関するノード，3 個の消費者クラスタに関するノード，4 個の購買動機や購買結果に関するノードで構成されています．消費者クラスタに関するノードでは，「周囲への追従度」「市場リーダー度」「PC 習熟度」といった潜在変数が利用されており，これらは PC の商品企画の専門家の知見を利用しています．

構築したベイジアンネットワーク行動モデルによる実験では，「優良顧客の特定」「購買要因の推定」「メーカーのポジション比較」の確率推論が実行されており，購買に至る顧客層の特定やターゲット顧客の製品選考やライフスタイル特性が明らかにされました．

【事例 2】 ベイジアンネットワークによる複合機故障診断技術

足立康二，山田紀一，上床弘毅，安川　薫（2010）富士ゼロックス テクニカルレポート，No. 19　2010，78-87（http://www.fujixerox.co.jp/company/technical/tr/2010/pdf/t_1.pdf）

電子写真複合機の故障診断においては，CS 向上に大きなウェイトを占める保守サービスの効率化，ダウンタイムの低減が目的とされ，故障診断技術の高度なインテリジェント化，リモート化が要求されていいます．しかしながら従来の故障診断は，異常の検知箇所や診断の対象範囲が狭く，診断機能の拡張性も低いという課題がありました．これらの問題を解決するため，熟練したカスタマーエンジニアの故障診断レベルと同程度の故障特定が可能で，現在の複合機に実装可能なベイジアンネットワークによる故障診断技術が開発されました．

複合機の主なトラブルには「画質トラブル」「紙送りトラブル」「エレキ系に起因する機械動作トラブル」があり，トラブルは特定の事象に集中することなく発生するので，これら 3 トラブルに対応した診断モデルが構築されています．

例えば画質トラブルの診断モデルでは，サービスエンジニアの故障切り分けノウハウにもとづき，線筋，点，白抜けといった約 12 の主要トラブルごとにモデルが開発されました（図 3：線筋診断モデル）．当該モデルの構築に際しては，主要トラブルごとに故障原因と故障切り分け証拠情報を整理した因果関係二元表（表 1）に，サービスエンジニアのノウハウが生かされています．モデルの構造は画像形成の機能ごとに原因ノードが階層的に配置され，サービスエンジニアの知見にもとづく証拠情報がリンク付けされています．その他，計算時間や推論精度を改善するための中間ノードも設定されています．

構築された診断モデルによる故障診断では，故障原因候補となる複数の部位

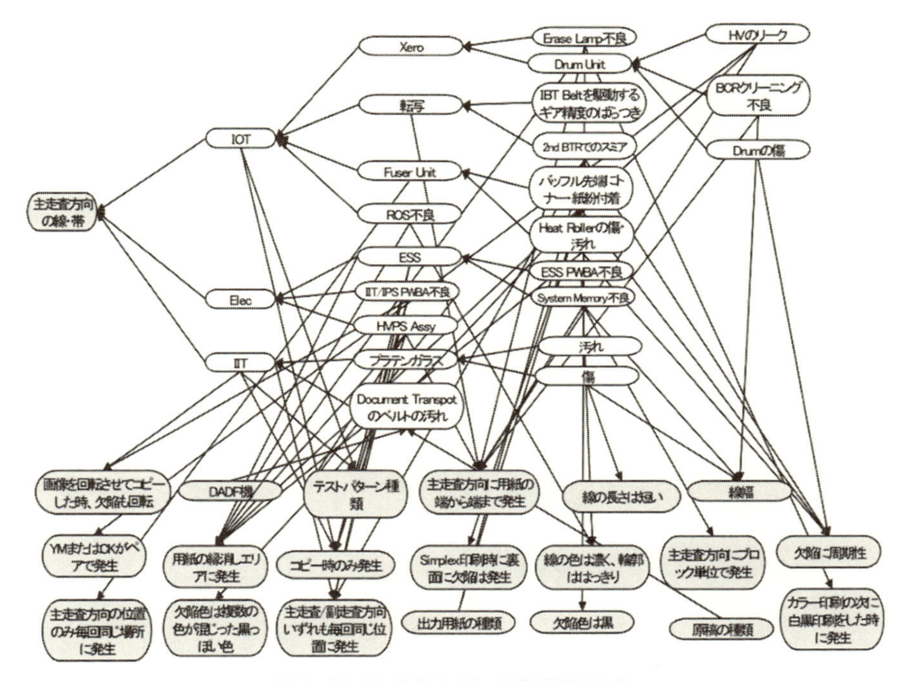

図 3　横（主走査方向）線筋診断モデル
白ノード：故障原因，グレーノード：故障切り分けの証拠情報を表す証拠ノード.

が確率を伴って表示されます．市場で回収されたトラブルサンプルによるモデル評価では，最上位で 82%，2 位以内で 91% と高い精度で一致することが確認されています．

【事例 3】 ベイジアンネットワークを用いた定住意識構造モデルの構築
入子直樹，高田和幸（2010）土木計画学研究・講演集，42 巻（http://library.jsce.or.jp/jsce/open/00039/201011_no42/pdf/94.pdf）

人口減少問題は，まちづくりに大きな影響を及ぼすといわれています．人口減少には自然増減（出生と死亡）と社会増減（転入と転出）の 2 つの要因があります．社会増減による人口減少を解決するためには，住民の定住意識を把握し，定住をいかに促すかが重要です．

定住意識という様々な要因が影響しあった事象に対し，住民に対するアン

表 1　画質トラブルの二元表の例（一部抜粋）

エリア	サブエリア	原因	長さ	線幅	輪郭	濃度	…
IIT	Platen Glass	汚れ	不定	不定	ぼけることが多い	不定	…
	Platen Glass	傷	短い	細い	くっきり	薄い（傷の深さによる）	…
	Document Transport	ベルトの汚れ	不定	不定	ぼけることが多い	薄い	…
	Document Transport	トランスポートの曲がり	不定	太め	ぼける	薄い	…
	Full Rate Carriage	ミラーユニットの汚れ	副走査方向全面	不定	ぼける	薄い	…
	Half Rate Carriage	ミラーユニットの汚れ	副走査方向全面	不定	ぼける	薄い	…
	Lens Kit Assy	CCD の汚れ	副走査方向全面	太い	不定	不定	…
Elec ⋮	System Memory	System Memory 不良	不定	細線が主走査方向全面	くっきり	濃い	…
	⋮	⋮	⋮	⋮	⋮	⋮	

縦軸：故障原因，横軸：故障切り分けのための証拠情報．

ケートをもとにベイジアンネットワークモデルが構築されています．モデリングに使用されたデータは，埼玉県東松山市の住民を対象に行われたアンケートによって得られた「定住意識」「地域愛着」「総合評価」「まちづくり整備満足（22 項目）」「個人属性（10 項目）」「性格・行動特性（17 項目）」です．モデルは，「まちづくり整備満足度」から影響を受けた「地域愛着」が「定住意識」に影響を与えると仮定され（図 4），各親ノードの関係性が示されています（図 5）．モデリングの結果，「定住意識」から直接ノードが引かれたのは 14 項目で，「地域愛着」は 6 項目，「総合評価」は 13 項目でした（表 2）．また「個人属性」や「性格・行動特性」も，すべていずれかのまちづくり整備満足度のノードと紐付けられました．

構築したモデルに対して確率推論を実施し，個人属性による違いも含め，定

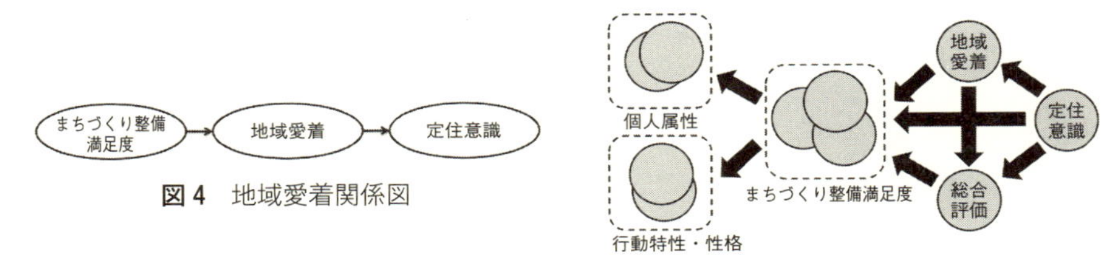

図 4　地域愛着関係図

図 5　定住意識モデル

表 2　定住意識・地域愛着・総合評価と直接ノードが引かれる項目

親ノード	定住意識	地域愛着	総合評価
子ノード	まちの治安	まちなみの色彩・デザインの統一	まちなみの色彩・デザインの統一
	まつり，イベントの実施	図書館・公民館などの文化施設の整備	まちの治安
	交通の利便性	総合評価	まつり，イベントの実施
	交通渋滞の緩和	美術館，資料館の施設整備	公園・緑地の整備
	公園・緑地の整備	自然環境の保全	医療施設の充実
	医療施設の充実	雇用制度の充実	図書館・公民館などの文化施設の整備
	商店街の活性化		市民参加のしやすさ
	地域の清掃活動		歴史的建築物の保存・耐震化
	地域愛着		派手な屋外広告物に対する規制
	小中学校の耐震化		美術館，資料館の施設整備
	市民参加のしやすさ		自然環境の保全
	歩道・駅などのバリアフリー化		行政からの情報発信
	行政からの情報発信		街路樹・花壇の整備
	障害者のための福祉制度		

住意識および地域愛着の構成要因が分析されました．その結果，定住意識の構成要因としては，商店街の活性化，地域愛着，まつり・イベントの実施，地域の清掃活動などの住民や地域との関わりが抽出されました．地域愛着については，まちなみの色彩・デザインの統一，総合評価，自然環境の保全，派手な屋外広告物に対する規制などの景観・自然的要因やまちの統合的な評価が抽出されました．個人属性による定住意識の違いでは，年代や居住年数で変化があることが明らかとなりました．例えば東京 23 区居住経験の有無が定住意識に影響を与えることなどが報告されています．

【事例 4】 ファッションにおける消費者価値観モデル「コト」を創出するための顧客理解

安松　健（2014）サービス学会 第 2 回 国内大会講演論文集，50–55

多くの製品カテゴリにおいてコモディティ化が進んだことにより，顧客はブランドの機能的価値（モノ）だけではなく，情緒的価値（コト）をより重視するようになっていることが指摘されています．

コトの創出に向けてビッグデータの活用が注目されていますが，安松らは消費者の意思決定の鍵となる要因を価値観や情緒ベネフィットの組み合わせによりデザインし，消費者価値観構造モデルをベイジアンネットワークにて構築しています．とくに本研究ではファッションに注目し，消費者価値観構造モデルの 61 個の価値観（表 3）のうち 22 個（表 3 太字）を証拠データとして，ファッション価値観と情緒ベネフィットを推論するベイジアンネットワークを構築しています．モデリングに際しては，事前に行われた価値観定期調査から得られた消費者の 4 つの価値観（「おしゃれ好き」「定番トレンド」「高価格高品質」「最低限」），デモグラフィック情報，消費者行動価値観成分，情緒ベネフィットデータが用いられました．図 6 は構築モデルの全体構造となっています．

構築されたファッション価値観モデルでは，22 の価値観成分とデモグラフィック属性データから，ファッション価値観「おしゃれ好き」を約 70%の精度で推論することが報告されています．ファッション価値観を利用した顧客セグメンテーションと情緒ベネフィットの特徴をコンセプトデザインに活用することで，顧客の異質性を考慮した「コト」を創出するためのデザインプロセ

表 3　消費者価値観構造モデルの価値観成分（61 個）

価値観フレーム	成分数	成分内容
基本的な性格	11	**好奇心旺盛　デリケート　マイペース　協調型**　勤勉　上昇志向　楽観的　短気　達観　ルーズ　理系
ポジティブ価値観	8	**自己愛　自己実現**　アウトドア　スポーツ　恋愛　ほのぼの　ギャンブル　ひとりで没頭
ネガティブ価値観	3	**否定・批判　非常識　期待はずれ**
家族関係	7	**結婚願望　不仲　責任感（主婦軸）**　責任感（扶養軸）　良好（別居家族）　不十分　良好（同居家族）
友人関係	8	**ストレス　親友中心**　ネットワーク重視　社交的　大人数派　消極的（独身）　仕事人脈中心　ノンストレス
仕事に対する価値観	5	**満足　ストレス**　プライベート重視　キャリアアップ　堅実
時間に対する価値観	11	**ゆとり　余裕がない**　充実　仲間優先　**家族優先**　趣味　インドア派　アウトドア派　家事分担　退屈　読書
お金に対する価値観	8	**ギリギリ　ゆとり　貯蓄志向**　家族中心　慎重　自己投資　堅実生活　常識的

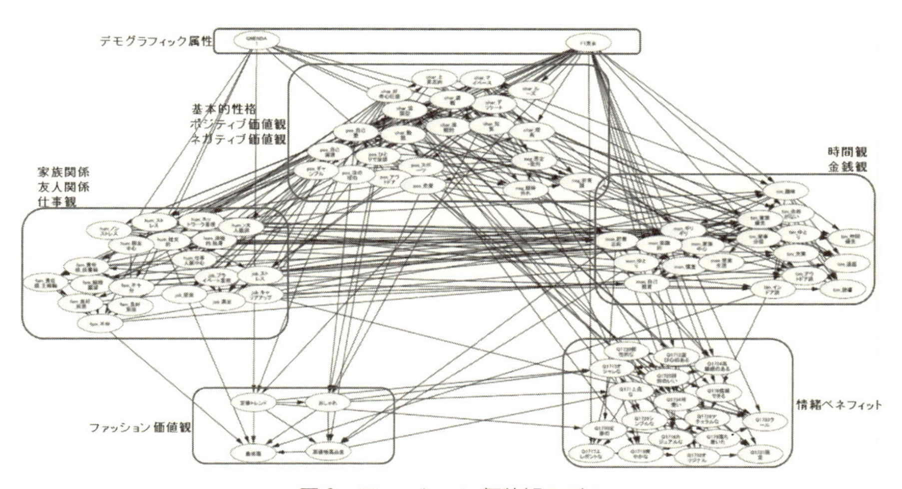

図 6　ファッション価値観モデル

スの実践を推進できる可能性を示しています．

【事例 5】 日常購買行動に関する大規模データの融合による顧客行動予測システム

石垣　司，竹中　毅，本村陽一（2011）人工知能学会論文誌，26 巻 6 号 D，670-681（https://staff.aist.go.jp/takenaka-t/5075626C69636174696F6E_reD-B61takenaka.pdf）

本村らは，大規模購買履歴データから，顧客満足度の向上や品揃え最適化による提供価値の増大などに利用できるシステム開発を提案しています（図 7）．

提案手法は以下の流れでモデル化されています．①潜在的な顧客カテゴリと商品カテゴリを仮定し，顧客，商品，潜在顧客カテゴリ，潜在商品カテゴリの関係を潜在クラスモデルとして表現．②顧客のライフスタイル特性をアンケー

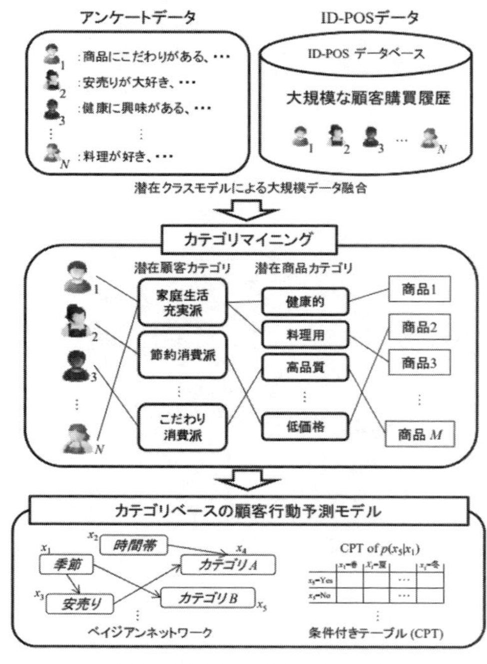

図 7　提案システムの概念図

トデータから因子分析を用いて抽出．③抽出されたライフスタイル特性を潜在クラスモデルの制約条件として導入し，顧客ライフスタイル属性と潜在商品カテゴリの関係と潜在商品カテゴリの生成を同時に実行．④生成されたカテゴリ，顧客ライフスタイル特性，商品特徴，購買状況間の関係をベイジアンネットワークにてモデリング．

ベイジアンネットワークモデルは，ライフスタイルカテゴリ属性 6 種類，潜在商品カテゴリ属性 12 種類，状況変数 13 種類，商品特徴カテゴリ 19 種類が

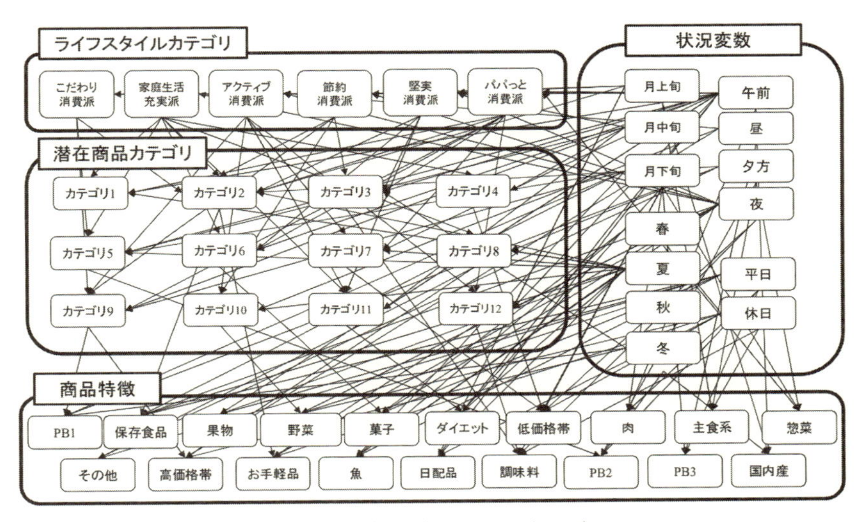

図 8　ベイジアンネットワークモデル

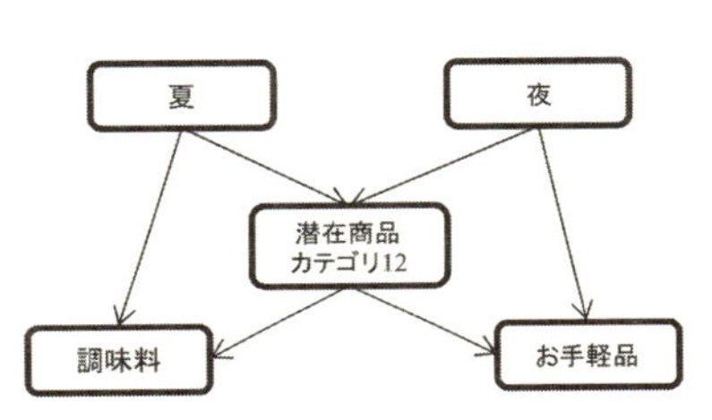

図 9　構築されたベイジアンネットワークの部分グラフ

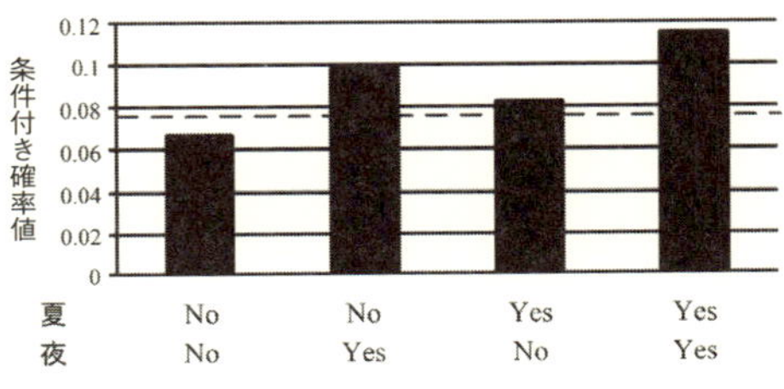

図 10　潜在商品カテゴリ 12（惣菜・飲料）に関する確率値
---------カテゴリ 12 の年間平均値．

付与され，対象となっている約 420 万件のトランザクションデータが使用されています（図 8）.

構築されたベイジアンネットワークからカテゴリに対する付加的な情報を抽出することができます．例えば潜在商品カテゴリ 12（惣菜・飲料）は，お手軽製品と調味料，夏と夜からリンクが張られています（図 9）．そして条件付き確率値を確認すると，カテゴリ 12 の商品は夜に多く購買され，とくに夏の夜では年間平均よりも約 3.5 ポイント高い値を示していることが見てとれます（図 10）.

このようにベイジアンネットワークの確率推論を行うことで，各変数に対して様々な条件下での予測が可能となるため，小売業においてカテゴリを単位とした効率的な店舗業務支援の可能性が示されています.

◆ベイジアンネットワーク構築支援システム BayoLink◆

BayoLink（NTT データ数理システム）[4] には，教師データから機械学習によりモデルを構築する学習機能をはじめ，モデルの推論や分析など，ベイジアンネットワークを扱うための必要な機能が揃っています．エビデンスの表示をクリックするだけで簡単に推論の実行が可能，エビデンス間の影響度を測る感度分析，予測精度の評価などモデルを検証する機能も充実しています．ベイジアンネットワークの活用に最適なツールといえるでしょう．

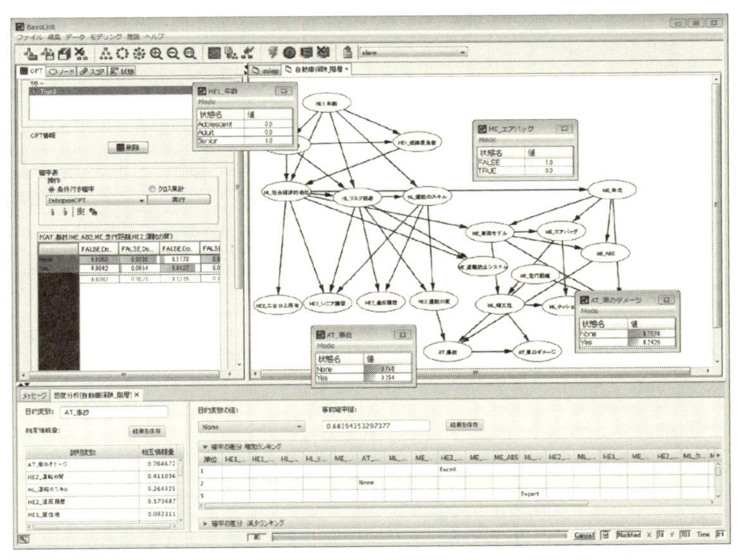

BayoLink でのベイジアンネットワークモデルイメージ

4)　Web ページ　http://www.msi.co.jp/bayolink/

索　　引

欧　文

ア　行

カ　行

サ　行

タ　行

ナ　行

ハ　行

マ　行

ヤ　行

ラ　行

■編著者紹介

朝野熙彦（あさの・ひろひこ）

千葉大学文理学部卒業，埼玉大学大学院修了．専修大学・東京都立大学・首都大学東京教授，多摩大学および中央大学客員教授を経て学習院マネジメントスクール顧問・講師，日本マーケティング学会監事．

〔主な著書〕

『入門多変量解析の実際』ちくま学芸文庫
『最新マーケティング・サイエンスの基礎』講談社
『マーケティング・リサーチ』講談社
『入門共分散構造分析の実際』（共著）講談社
『マーケティング・サイエンスのトップランナーたち』（編著）東京図書
『ビッグデータの使い方・活かし方』（編著）東京図書
『アンケート調査入門』（編著）東京図書
『Rによるマーケティング・シミュレーション』（編著）同友館
『新製品開発』（共著）朝倉書店
『マーケティング・リサーチ工学』朝倉書店
『ビジネスマンがはじめて学ぶベイズ統計学—Excel から R へステップアップ—』（編著）朝倉書店

ビジネスマンが一歩先をめざす
ベイズ統計学
—Excel から RStan へステップアップ—

定価はカバーに表示

2018年9月1日　初版第1刷

編著者　朝　野　熙　彦
発行者　朝　倉　誠　造
発行所　株式会社　朝　倉　書　店

東京都新宿区新小川町 6-29
郵便番号　162-8707
電話　03(3260)0141
FAX　03(3260)0180
http://www.asakura.co.jp

〈検印省略〉

真興社・渡辺製本

ISBN 978-4-254-12232-9　C 3041　　Printed in Japan